ビル・ゲイツ

地球の未来のため僕が決断したこと

気候大災害は防げる

HOW TO AVOID A CLIMATE DISASTER
THE SOLUTIONS WE HAVE AND THE BREAKTHROUGHS WE NEED

BILL GATES

山田文 訳

早川書房

地球の未来のため僕が決断したこと

――気候大災害は防げる

HOW TO AVOID A CLIMATE DISASTER
The Solutions We Have and the Breakthroughs We Need
by
Bill Gates

Translated by
Fumi Yamada
First published 2021 in Japan by
Hayakawa Publishing, Inc.
This book is published in Japan by
arrangement with
Doubleday, an imprint of The Knopf Doubleday Group,
a division of Penguin Random House, LLC
through The English Agency (Japan) Ltd.

装幀／早川書房デザイン室

道を切りひらいてくれている科学者、イノベーター、活動家へ

目次

※本文訳注は小字の（　）で示した。

はじめに　五一〇億からゼロへ

気候変動について知っておくべき数字がふたつある。ひとつが五一〇億。もうひとつがゼロだ。

五一〇億は毎年、世界の大気中に増える温室効果ガスのトン数である。年によって多少の増減はあるが、おおむね増加している。これが〝現状〟だ。*

ゼロは〝これから目指さなければならない〟数字である。温暖化に歯止めをかけ、気候変動の最悪の影響を避けるために（きわめて深刻な影響が予想される）、人類は大気中の温室効果ガスを増やすのをやめる必要がある。

*五一〇億トンという数字は、入手可能な最新データに基づいている。二〇二〇年、世界での排出量はおそらく五パーセントほど減った。COVID‐19のパンデミックによって、経済活動が劇的に失速したためだ。しかし二〇二〇年の正確な数値はわからないので、ここでは合計五一〇億という数字を使う。COVID‐19の話題には、折にふれて立ち戻りたい。

これがむずかしいことであるように感じられるのは、実際にむずかしい仕事だからだ。世界はこれほど大きな課題に取り組んだことがない。すべての国が行動スタイルを変える必要がある。動物や植物の飼育栽培から、ものづくり、場所から場所への移動まで、現代生活のほぼすべての活動が温室効果ガスを発生させる。そして今後、さらに多くの人がこうした現代的なライフスタイルで暮らすようになるだろう。暮らしがよくなっていくのだからそれはいいことだ。しかし、もしほかが何も変わらなければ、世界は引きつづき温室効果ガスを排出し、気候変動は悪化の一途をたどって、人類はほぼ確実に潰滅《かいめつ》的な影響を受ける。

ただ、「もしほかが何も変わらなければ」の〝もし〟を強調したい。僕は、状況は変えられると信じている。必要な道具の一部はすでにある。まだないものについても、気候と科学技術について学んだことすべてから、今後発明して展開できると僕は楽観視している。素早く行動すれば、気候の悲劇を避けることはできるのだ。

何が必要で、なぜ僕は状況を変えられると思っているのか、それを論じるのが本書である。

二〇年前には、自分が気候変動について人前で話すことになるとは思っていなかった。そのテーマで本を書くなど想像してもみなかった。僕の専門は気候科学ではなくソフトウェアであり、最近はメリンダとともにゲイツ財団でフルタイムで働き、国際保健、開発、アメリカ国内の教育に全力を注いでいる。

僕が気候変動を重視するようになったのは、エネルギー貧困の問題を通して気づいたことがあったからだ。

二〇〇〇年代はじめにゲイツ財団を立ち上げたばかりのころ、僕はサハラ以南のアフリカと南アジアの低所得国を訪問するようになった。僕たちが取り組んでいた子どもの死亡率やHIVなどの大きな問題について、もっとよく知りたかったからだ。とはいえ、僕は病気のことばかり考えていたわけではない。飛行機で大都市を訪れるときには、窓の外を眺めてこんなことを考えた。〝どうしてこんなに暗いのだろう。ニューヨーク、パリ、北京だったらついているはずの明かりは、どこへいってしまったのか〟

ナイジェリアのラゴスで街灯のない道を移動していると、地元の人びとが古いドラム缶で火を熾《おこ》し、そのまわりに集まっているのを目にした。僻地の村でメリンダと僕が会った女性や少女たちは、毎日何時間もかけて薪を集め、それを使って直火で料理をしていた。家に電気がなく、ろうそくの明かりで宿題をする子どもにも会った。

およそ一〇億人が電気を安定して利用できずにいて、その半分がサハラ以南のアフリカで暮らしていることを僕は知った（その後、状況はやや改善して、現在では電気を利用できないのはおよそ八億六〇〇〇万人だ）。そして、〝だれもが健康で生産的に暮らす機会を得る権利がある〟というゲイツ財団のスローガンのことを考えた。地域の診療所で冷蔵庫が使えずにワクチンを冷やしておけないようなら、健康に暮らすのはとてもむずかしい。本を読む明かりがなければ、生

ナイジェリアのラゴスに暮らすオヴルベ・チナチ（9歳）。ろうそくの明かりで宿題をしている。メリンダと僕は、彼のような子どもに頻繁に出会った。[1]

産的な生活を送るのは困難だ。それに、オフィス、工場、コールセンターのために安くて安定した電気が大量になければ、だれもが仕事の機会を得られる経済を築くことはできない。

そのころ、ケンブリッジ大学教授だった科学者の故デービッド・マッケイが、所得とエネルギー使用の関係を示すグラフを見せてくれた。国民ひとりあたりの所得と電気の使用量を国ごとに示したものだ。グラフにはさまざまな国が記されていて、横軸が国民ひとりあたりの所得、縦軸がエネルギー使用量を示している。このふたつに関係があるのは一目瞭然だった。

こうした情報を理解するなかで、どうすれば世界は貧困者に手頃な価格で

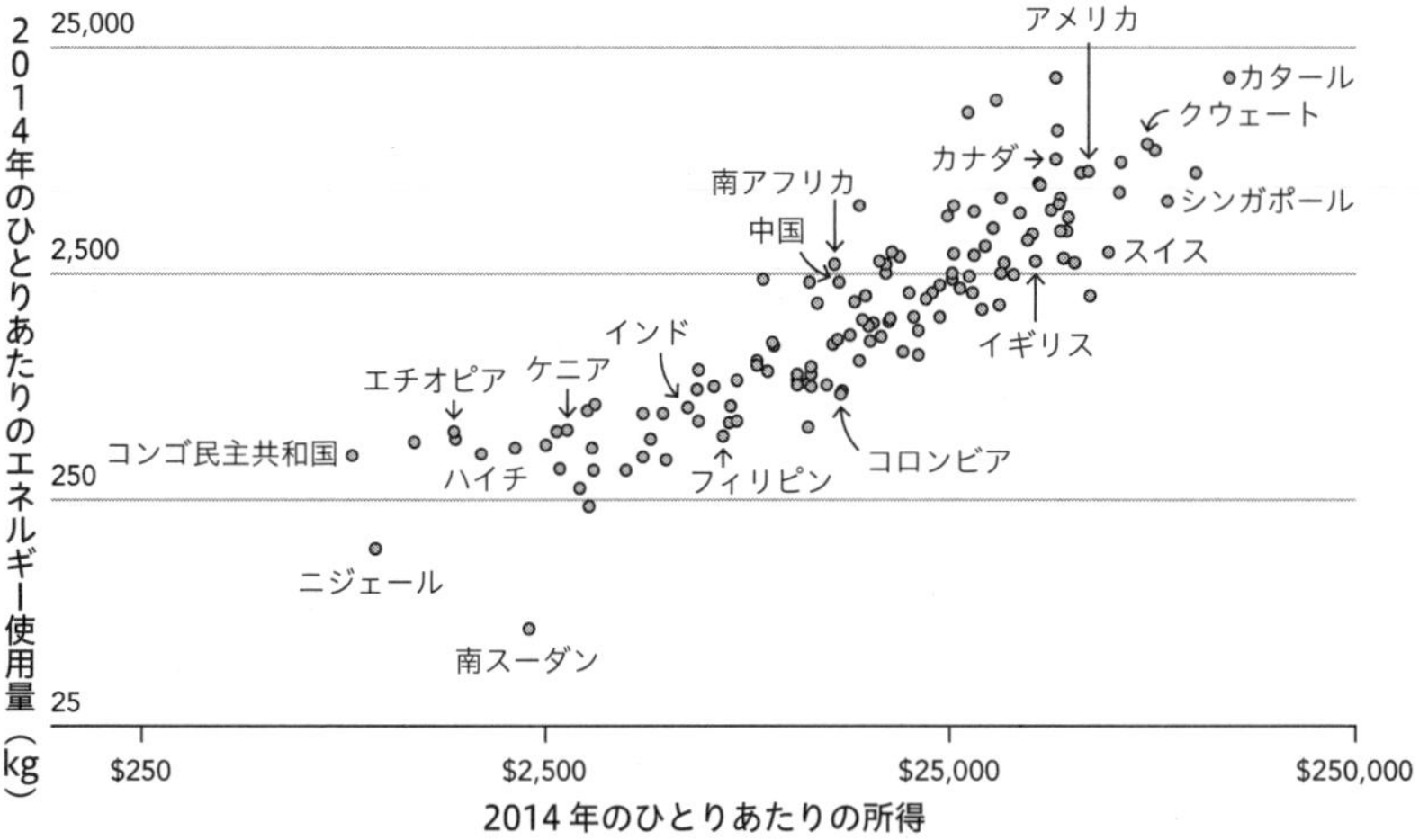

所得とエネルギー使用は密接に関係している。デービッド・マッケイが見せてくれたグラフもこれと同様のもので、エネルギー消費と国民ひとりあたりの所得が記されていた。両者につながりがあるのはまちがいない（出典：国際エネルギー機関〔IEA〕、世界銀行）。[(2)]

安定したエネルギーを提供できるのかと考えるようになった。ゲイツ財団は核となる使命に引きつづき集中する必要があり、この巨大な問題に取り組めるとは思わなかったが、発明家の友人たちとあれこれアイデアを考えはじめた。また、この問題についてさらに深く文献を読みこんでいった。たとえば、科学者で歴史家のバーツラフ・シュミルの著書に目をひらかされ、現代文明にいかにエネルギーが欠かせないかを理解した。

当時僕は、ゼロに到達する必要を理解していなかった。炭素のほとんどを排出している豊かな国が気候変動に注意を向けるようになっていたので、それでじゅうぶんだと考えていたのだ。

僕の仕事は、安定したエネルギーを貧困者に安く提供できるよう支援することだと思っていた。ひとつには、そうすることで貧困者に最大の利益をもたらすことができるからだ。安価なエネルギーがあれば、夜に明かりがつけられるようになるだけでなく、畑の肥料も家をつくるセメントも安く手にはいる。それに、気候変動によって最も打撃を受けるのは貧困者だ。貧困者の多くはすでにぎりぎりの生活を送っている農業従事者であり、さらなる干魃《かんばつ》や洪水にはとても耐えられない。

僕の考えが変わったのは、二〇〇六年の終わりのことだ。そのころ、エネルギーと気候に焦点を合わせた非営利組織を立ち上げようとしていたマイクロソフトの元同僚ふたりと会った。この問題に精通した気候科学者もふたり同行していて、四人は僕に温室効果ガス排出と気候変動を結びつけたデータを見せてくれた。

温室効果ガスのせいで気温が上昇していることは知っていたが、周期的な変化などさまざまな要因によって、大惨事に陥るのは自然に防がれるのだと思いこんでいた。そのため、人類が温室効果ガスを少しでも排出しているかぎり気温が上がりつづけるという話は、すぐには受け入れがたかった。

その後も何度か四人に会い、さらに質問をして、ようやく理解した。貧困者がよりよい生活を送れるように、世界はさらにエネルギーを供給する必要がある。しかしそのエネルギーは、温室効果ガスをまったく排出しないかたちで供給されなければならないのだ。

問題はいっそう困難になった。貧困者に安いエネルギーを安定して提供するだけでは足りない。そのエネルギーはクリーンでなければならないのだ。

僕は引きつづき、気候変動について学べることはすべて学んだ。気候とエネルギー、農業、海洋、海水位、氷河、送電線、その他ありとあらゆる分野の専門家に会った。気候変動について科学的な合意を形成する、国連の〈気候変動に関する政府間パネル〉（ＩＰＣＣ）の報告書も読んだ。リチャード・ウォルフソン教授によるすばらしいビデオ講義シリーズ『変化する地球の気候（*Earth's Changing Climate*）』も観た。入門書『だれでもわかる気象（*Weather for Dummies*）』も読んだが、これはいままでも、僕が見つけた気象についての本のなかで最もすぐれた部類にはいる一冊だ。

はっきりしたことがひとつある。いまある再生可能エネルギー源、おもに風力と太陽光は、この問題に大きな影響を与えることができるのに、それはじゅうぶんに活用されていない。* また、風力と太陽光だけではゼロを達成できないこともはっきりわかった。風はいつも吹いているわけではなく、太陽はいつも照っているわけではなくて、都市で必要とされる量のエネルギーを蓄えておける安価なバッテリーも存在しないからだ。それに、排出されている温室効果ガスのうち、発電が占めるのはわずか二七パーセントにすぎない。仮にバッテリーの分野で飛躍的な技術革新《ブレークスルー》

＊ダムから流れ出る水で発電する水力電力も再生可能資源であり、アメリカでは最大の再生可能エネルギー源である。しかし、利用できる国内の水力電力はすでにほぼ使用し尽くしていて、あまり成長の余地がない。このさき必要とされるクリーンなエネルギーは、ほとんどをほかのエネルギー源から調達する必要がある。

が起こっても、やはりほかの七三パーセントを取り除かなければならないわけだ。
数年のうちに、僕は三つのことを確信するに至った。

1　気候大災害を防ぐには、ゼロを達成しなければならない。
2　太陽光や風力といったすでにある手段を、もっと早く効果的に展開する必要がある。
3　目標達成を可能にするブレークスルーを生み出し展開しなければならない。

ゼロを達成しなければならないのは揺るがぬ事実であり、いまもそれは変わらない。大気中の温室効果ガスを増やすのをやめなければ、気温は上がりつづけるのだ。とてもわかりやすい喩《たと》えがある。気候は、ゆっくり水が溜まっていくバスタブのようなものだ。蛇口を絞ってほんの少し水が滴る程度にしていても、やがてバスタブはいっぱいになり、水が床にこぼれる。そうした悲劇を防がなければならない。排出を完全にやめることではなく、排出削減だけを目標にしていたら、それを防ぐことはできない。意味のある目標はゼロただひとつだけだ（ゼロとは何か、どのような意味でそれを使っているのか、気候変動はいかなる影響を与えるのか、といった点については第1章で論じる）。

とはいえ、こういったことをすべて知ったとき、僕はすでに取り組むべき問題を抱えていた。メリンダと僕は国際保健・開発とアメリカ国内の教育というふたつの分野をすでに選んでいて、そこでさまざまなことを学び、専門家チームを雇って、資金を使うつもりでいたからだ。それに、すでに多くの著名人が気候変動の問題に取り組んでいた。

したがって僕は、関与は深めていったが、これを最優先課題にはしなかった。機会があれば文献を読み、専門家に会った。いくつかのクリーン・エネルギー企業に投資し、クリーンに発電して核廃棄物をほとんど出さない次世代の原子力発電所を設計する会社を数百万ドルかけて立ち上げた。「ゼロへのイノベーション」というタイトルでＴＥＤで話もした。しかし、たいていの時間はゲイツ財団の仕事に集中していた。

その後、二〇一五年の春に、この問題にもっと力を入れて取り組み、発言していく必要があると考えるようになった。アメリカ各地の大学生が座りこみ抗議をして、大学の基金に化石燃料関連企業の株を手放すよう求めているという記事を僕は新聞で目にしていた。その運動の一環としてイギリスのガーディアン紙がキャンペーンをはじめ、僕たちの財団の基金のごく一部にあたる化石燃料企業への投資分を売却するよう求めてきたのだ。世界中の人びとが出演して、化石燃料関連の株を手放すよう僕に求めるビデオもつくっていた。

ガーディアン紙が僕たちの財団と僕を標的にした理由は理解できた。それに、活動家たちの情熱にも心を動かされた。ヴェトナム戦争に反対する学生や、のちには南アフリカのアパルトヘイト体制を批判する学生を見て、その学生たちが真の変化をもたらしたのを知っていたからだ。そういったエネルギーが気候変動へ向けられるのを見て、僕は刺激を受けた。

その一方で、世界各地の訪問先で目にしたものについてもずっと考えていた。たとえば一四億の人口を抱えるインドでは、多くの人が世界で最も貧しい状態で暮らしている。インドの人たちに、明かりなしで子どもたちに勉強させろというのはおかしいし、エアコンは環境に悪いから熱波で何千という人が死んでも仕方ないというのもおかしい。僕が思いつく唯一の解決策は、クリーンなエネルギーを非常に安い値段で提供し、すべての国に化石燃料ではなくそちらを選んでもらえるようにすることだった。

抗議者たちの情熱には感銘を受けたが、化石燃料関連の株を手放すだけで気候変動を食い止めたり貧困国の人びとを助けたりできるとは思えなかった。アパルトヘイトと闘うために、それを支持する企業の株を手放すことには意味があった。アパルトヘイトは政治制度であり、経済的な圧力に反応する（そして実際に反応した）。化石燃料企業の株を手放すことで世界のエネルギーを変革しようとするのは、それとは別の問題だ。エネルギー産業は年間およそ五兆ドルの規模であり、現代経済の基盤なのである。

僕はいまも同じように考えている。しかし、化石燃料企業の株を手放す理由はほかにもあると気づいた。炭素を排出しない代替物が開発されず、そのために化石燃料企業の株価が上がるようなことが仮にあったら、そこから利益を得たくはなかったのだ。したがって僕は、二〇一九年に直接保有する石油企業とガス企業の株をすべて手放した（石炭企業には、すでに数年間投資していなかった）。ゲイツ財団の基金を管理するトラストも同様だ。

これは個人的な選択であり、そうできたのは幸運だ。しかし、これが排出削減に大きく寄与するわけではないのはよくわかっている。ゼロを実現するには、はるかに幅広いアプローチが求められる。政府の政策、最新技術、新発明、製品を多数の人へ届ける民間市場の力など、利用可能なありとあらゆる手段を使って大規模な変化を起こさなければならないのだ。

二〇一五年には、イノベーションと新規投資の必要性を訴える機会も訪れた。一一月と一二月にパリで国連の主要な気候変動会議、ＣＯＰ21が開催されることになっていたからだ。この会議の数カ月前に僕は、当時のフランス大統領フランソワ・オランドに会った。オランドは民間の投資家を会議に参加させたがっていて、僕はイノベーションを議題にのせたかった。つまりどちらにとってもいい機会だったのだ。オランドは、僕が手助けをすれば投資家を巻きこめると考えていた。僕は、それは理解できるが、各国政府がエネルギー研究にさらに多くの資金を投じてくれれば、もっとやりやすくなると答えた。

それは必ずしも容易なこととは思えなかった。アメリカでさえ、エネルギー研究へは保健や国防といったほかの重要分野と比べてはるかに少額の投資しかしていなかったからだ（それは、いまも同様だ）。研究の取り組みをわずかに拡大しつつある国もあったが、やはり非常に低いレベルにとどまっていた。それに、アイデアを実験室の外に出し、実際に国民に役立つ製品にする資金を民間セクターが出すとわかっていなければ、政府はそれ以上のことをすすんでしようとはしなかった。

しかし二〇一五年には、民間資金の供給が断たれつつあった。グリーン・テクノロジーに投資していたヴェンチャー・キャピタル企業の多くが、見返りがあまりにも少ないためにこの分野から撤退していたからだ。これらの企業は、以前はバイオテクノロジーや情報技術に投資していた。すぐに成果が出て、政府の規制も少ない分野だ。クリーン・エネルギーの状況はそれとはまったく異なる。

クリーン・エネルギーに特化した新たな資金とアプローチが必要なのは明らかだった。そこでパリで会議がはじまる二カ月前の九月に、僕は二十数人の裕福な知人にメールを送った。ヴェンチャー資金を出して、政府の新たな研究資金を補完するよう説得を試みたのだ。エネルギー分野でブレークスルーが起こるには数十年の月日がかかることもあるため、投資は長期的なものでなければならず、多くのリスクを引き受ける必要もある。ヴェンチャー投資家が直面する問題を避けるために、僕は焦点を絞った専門家チームをつくり、そのチームに企業を調査させて、複雑なエネルギー産業の道案内をさせることを約束した。

反応は上々だった。四時間も経たないうちに、最初のイエスの返事が投資家から届いた。二カ月後にパリで会議がはじまるときにはさらに二六人が加わっていて、僕たちはその集まりを〝ブレークスルー・エナジー・コアリション（連合）〟と名づけた。いまでは〝ブレークスルー・エナジー〟として知られ、慈善事業やアドボカシー（支援）活動を展開して、有望なアイデアをもつ四〇社を超える企業に投資をしている。

世界のリーダーたちによるミッション・イノベーションの立ち上げ。2015年にパリでひらかれた国連気候変動会議にて（写真内の人物の名前は、巻末原注に記載している）。(3)

政府も期待に応えた。二〇カ国の首脳がパリに集まり、研究資金の倍増を決めたのだ。オランド大統領、米大統領バラク・オバマ、インド首相ナレンドラ・モディが取りまとめにひと役買い、モディ首相は〝ミッション・イノベーション〟という名称まで考え出した。現在、ミッション・イノベーションには二四カ国と欧州委員会が参加し、クリーン・エネルギーの研究に年間四六億ドルの新たな資金を投じている。わずか五年ほどで五〇パーセントを超える増額がなされたことになる。

その次のターニングポイントは、本書の読者にはいやというほどなじみのある出来事だ。

二〇二〇年、新型コロナウイルスが世界中に広がって、大きな被害が生じた。パンデミックの歴史を知る者には、ＣＯＶＩＤ－19による惨状は驚きではない。僕は長年、国際保健への関心の一環として爆発的感染について学んでいて、数千万人の死者が出た一九一八年のスペイン風邪のようなパンデミックに対処する備えがないことを深く懸念していた。そして二〇一五年にはTEDやいくつかのインタビューで、爆発的感染を発見してそれに対処する仕組みをつくる必要があると論じてもいた。元アメリカ大統領のジョージ・W・ブッシュらも同様の主張をしている。

残念ながら世界はほとんど備えを整えず、新型コロナウイルスに襲われると多くの死者が出て、経済も大恐慌以来の打撃を受けた。気候変動関連の仕事も大部分はつづけていたが、メリンダと僕はCOVID-19をゲイツ財団の最優先課題とし、僕たち自身の仕事の焦点をそこに合わせることにした。そして毎日、大学や小規模企業の科学者、製薬会社のCEO、政府首脳らと話をして、検査、治療、ワクチン開発に弾みをつけるために財団が手助けできる方法を探ってきた。その結果、二〇二〇年一一月までに四億四五〇〇万ドルを超える資金をこの病気との闘いに費やし、低所得国にワクチンや検査手段、その他の重要物資をより早く届けられるように、さまざまな投資を通じてさらに数億ドルを使った。

経済活動がかなり低迷したため、二〇二〇年の温室効果ガス排出量は前年より減るだろう。先に述べたとおり、おそらく五パーセントほどの減少になる。要するに五一〇億トン相当の炭素を排出していたのが、四八〇億～四九〇億トンになるわけだ。

これは有意義な削減量であり、毎年このペースで排出削減がつづけばすばらしい。しかし、残念ながらそれは不可能だ。

この五パーセントの排出削減を成し遂げるのに、どれだけの犠牲を払ったか考えてみてほしい。数百万人が死亡し、数千万人が失業したのだ。控えめにいっても、こうした状況がつづいたり繰り返されたりするのを望む人はいないだろう。それに、これだけの犠牲を払ったにもかかわらず、世界の温室効果ガス排出量はおそらくたった五パーセントしか減らなかった。それより少ない可能性もある。僕にとっての驚きは、パンデミックによって温室効果ガス排出が大幅に減ったことではなく、ほんのわずかしか減らなかったことだ。

たったこれだけしか排出量が減らなかったことを見ても、飛行機や自動車での移動を減らすだけでは、あるいはおもにそれに取り組むだけでは、排出ゼロは達成できないことがわかる。新型コロナウイルスに対処するための新しい検査法、治療法、ワクチンが必要なのと同じで、気候変動と闘うためにも新しい手段が必要だ。つまり炭素を排出しない発電、ものづくり、食料生産、冷暖房、世界での移動と輸送の新しい手段が求められる。それに世界の最も貧しい人たち（その多くが小規模農家だ）が、温暖化した気候に適応できるよう手助けする新たなシーズとイノベーションも必要だ。

もちろんそのほかに、科学や資金とはまったく関係のないハードルもある。とりわけアメリカでは、気候変動をめぐる議論は政治に足を引っ張られている。ときには、僕たちには何もできないのではないかという無力感に襲われることもある。

僕の考え方は政治学者ではなくエンジニアのものであり、気候変動の政治問題を解決する方法は僕にはわからない。したがって僕は、ゼロの実現に何が必要かという議論に焦点を絞りたい。世界の情熱と科学的知見を動員して既存のクリーン・エネルギー・ソリューションを展開し、新しいソリューションを発明することで、大気中の温室効果ガスを増やすのを止める必要があるのだ。

僕は、気候変動についての理想的なメッセンジャーとはいえない。世界には、壮大な考えを抱いてほかの人にやるべきことを指図したり、どんな問題でも技術で解決できると思いこんでいたりする金持ちがすでにたくさんいる。それに僕は大きな家を何軒ももっていて、自家用飛行機で移動しているし、実のところ気候変動会議に出席するときも自家用機でパリに飛んだ。こんな僕が環境について人に講釈を垂れることなどできるのだろうか。

こうした批判を僕はすべて受け入れる。

僕はたしかに自分の意見をもった金持ちで、それは否定できない。ただ、その意見はたしかな情報に基づいたものだと確信しているし、さらに多くのことを学ぼうと絶えず努めてもいる。

それに僕はテクノロジーのマニアでもある。問題を示されれば、それを解決する技術を探す。たしかに気候変動はイノベーションだけで解決できる問題ではない。しかし、技術抜きで地球を人間が暮らせる場所にしておくことはできない。それだけでは不十分だが、技術による解決策は必要なのだ。

最後に、僕のカーボン・フットプリント（二酸化炭素排出量）がとんでもなく高いのは事実だ。そして、それにずっと罪悪感を覚えてきた。僕が炭素をたくさん排出しているのはわかっていたし、本書を執筆することで、それを減らす責任をさらに強く意識するようにもなった。気候変動に懸念を示し、おおっぴらに行動を呼びかけている僕のような立場の者にとって、自分のカーボン・フットプリントを減らすのは最低限の務めだろう。

二〇二〇年に僕は持続可能なジェット燃料を購入するようになり、二〇二一年には家族が飛行機で移動する際の二酸化炭素排出を完全に相殺できる見こみだ。飛行機以外の排出分については、空気から二酸化炭素を除去する施設（〝直接空気回収《ダイレクト・エア・キャプチャー》〟と呼ばれるこの技術については、第4章「電気を使う」でさらに詳しく取り上げる）を運営する企業から排出権を購入している。また、中・低所得者向け住宅を改修してクリーンなエネルギーを使えるようにするシカゴの非営利団体を支援してもいる。ほかにも、僕自身のカーボン・フットプリントを減らす方法を模索しつづけるつもりだ。

僕は、炭素ゼロの技術にも投資している。ある意味では、これも炭素排出を相殺していると考えたい。僕は、ゼロ達成に役立つと期待をかける手段に一〇億ドルを超える資金を投じてきた。それに、安定して提供される安いクリーン・エネルギーや、低排出のセメント、鋼鉄、肉などだ。それに、僕が知るかぎりだれよりも多くの額を直接空気回収の技術に投資している。

もちろん、企業に投資しても僕自身のカーボン・フットプリントは減らない。しかし、僕が支援する企業がどこかひとつでも成功を収めれば、僕や僕の家族が出す量よりもはるかに多くの炭素を削減できる。そもそも目標は、単にひとりの人間が自分の排出分を埋め合わせることではない。気候大災害を回避することだ。だからこそ僕は初期段階《アーリーステージ》にあるクリーン・エネルギー研究を支援し、有望なクリーン・エネルギー企業に投資して、世界中でブレークスルーを呼び起こす政策を支持したり、ほかの資金力ある人たちにも同じように行動するよう呼びかけたりしているのである。

重要なのは次の点だ。僕のように排出量の多い者はエネルギーの使用を減らすべきだが、世界全体ではエネルギーによって提供されるものやサービスがもっとたくさん利用されてしかるべきである。炭素を排出しないかぎり、エネルギーをさらに使うこと自体はなんの問題もない。気候変動に対処する際に鍵になるのは、化石燃料によるエネルギーと同じくらい安くて安定したクリーン・エネルギーを提供できるようにすることだ。これを実現するのに役立ち、年間五一〇億トンからゼロへ向かうのに大きな効果があると思われるものに、僕は多くの力を注いでいる。

本書では、前進の道を提案し、気候大災害を避けるチャンスを最大限に高める一連の手段を示す。内容は五つの部分に分かれている。

なぜゼロなのか。 第1章では、ゼロを実現しなければならない理由をさらに詳しく説明し、気温上昇が世界中の人びとに与える影響についてわかっていること（と、まだわかっていないこと）を示す。

残念ながら、ゼロを達成するのはきわめてむずかしい。何かを実現すべく計画を立てるには、まず行く手に立ちはだかる障壁を現実的に把握しなければならない。第2章では、僕たちが直面している課題について考える。

どうすれば、たしかな情報をもとに気候変動について議論できるのか。第3章では、あなたも耳にしたことがあるかもしれない混乱を招きがちな数字にメスを入れ、気候変動について議論する際に僕がいつも念頭に置いているいくつかの問いを共有する。これらの問いのおかげで、僕は過ちを犯すのを数え切れないほど何度も免れることができた。読者のみなさんにも同じように役立てばと願っている。

うれしい知らせ――ゼロを実現することはできる。第4章から第9章では、いまある技術が役立つ分野と、これからブレークスルーが必要になる分野を整理する。この部分は本書で最も長くなるが、それは取り上げなければならないことがあまりにもたくさんあるからだ。すでに存在し、いますぐ大々的に展開すべきソリューションもあるが、今後二、三〇年のうちに多くのイノベーションを起こして世界中に広げる必要もある。

ここでは、僕が特に期待している技術を一部紹介するが、具体的な企業名はあまり挙げない。ひとつには、僕が投資している企業もなかにはあり、金銭的な利害から特定の企業をひいきしていると思われたくないからだ。ただ、もっと重要な理由もある。特定の企業ではなく、アイデアとイノベーションそのものに焦点を合わせたいのだ。なかには、これから数年のうちに倒産する企業もあるかもしれない。最先端の事業に倒産のリスクはつきものだが、それは必ずしも失敗の印ではない。重要なのは失敗から学び、教訓を次の事業に活かすことだ。マイクロソフトもそうしたし、僕が知るイノベーターもみなそうしている。

いま《ま》できること。僕がこの本を書いたのは、気候変動の問題だけでなく、その問題を解決するチャンスも目の当たりにしているからだ。これは現実味のない楽観論ではない。大きな仕事をやり遂げるのに必要な三つの要素のうち、ふたつはすでに存在する。第一に、それを実現させようという強い意志がある。これは世界規模の熱心な運動が広がっているおかげであり、その運動の先頭に立っているのは、気候変動を深く懸念する若者たちである。第二に、問題解決に向けた大きな目標がすでにあり、世界各地で国や地域のリーダーが自分たちの役割を果たすことを約束している。

いま必要なのは第三の要素、すなわち目標達成に向けた具体的な計画だ。

僕たちの望みが気候科学の理解によって支えられているのと同じように、排出削減に向けた具体的な計画も、ほかの学問分野からのあと押しを得て推進される必要がある。物理学、化学、生物学、工学、政治学、経済学、財政学などだ。したがって本書の最終部では、これらの学問分野すべての専門家から得た助言をもとに、ひとつの計画を示したい。第10章と第11章では、政府の政策に焦点を合わせる。そして第12章で、ゼロ達成に向けて僕たち一人ひとりができることを提案する。あなたが政府のリーダーでも、企業家でも、忙しくて空き時間がほとんどない有権者でも（あるいはそのすべてでも）、気候大災害を回避するのに貢献できることがある。

さしあたりは以上だ。では、はじめよう。

第１章　なぜゼロなのか

ゼロを達成しなければならない理由は単純だ。温室効果ガスは熱を閉じこめ、地球の地表面平均温度を上昇させる。ガスが多ければ多いほど温度は上がる。また、排出された温室効果ガスは、非常に長いあいだ大気中にとどまる。いま排出した二酸化炭素のおよそ五分の一は、一万年後も残っているのだ。

炭素を大気中に排出しつづけながら、地球温暖化が止まるというシナリオはありえない。そして地球が暖かくなればなるほど、人間が生きのびるのはむずかしくなる。ましてや人類の繁栄など望みようがない。想定される気温上昇によってどれだけの悪影響が生じるか、正確にはわからないが、懸念すべき理由がたくさんある。また、温室効果ガスは非常に長いあいだ大気中に残るため、ゼロを達成したあとも地球はずっと暖かいままだ。

ここまで〝ゼロ〟ということばを曖昧《あいまい》に使ってきたので、それが何を意味するのかはっきりさせておく必要があるだろう。産業革命以前、おおむね一八世紀なかば以前には、地球の炭素循環はおそらくほぼバランスがとれていた。つまり、排出されたのと同じ量の二酸化炭素を植物などが吸収していたのだ。

しかしその後、人類は化石燃料を燃やすようになる。化石燃料は地下に蓄積された炭素からつくられる。大昔に枯死した植物が数百万年の時間をかけて石油、石炭、天然ガスのかたちに圧縮されたものだ。このような燃料を掘り出して燃やすと、余分の炭素が排出されて大気中の炭素の総量が増える。

化石燃料の使用を完全にやめたり、温室効果ガスを出すその他の活動（セメントの製造、肥料の使用、天然ガス発電所でのメタンガス漏出など）をすべて止めたりするのは、ゼロへの道として現実的とはいえない。おそらく炭素ゼロの未来でも多少の排出はつづくが、排出される炭素を取り除く手段ができるのだ。

つまり「ゼロを達成する」のは、実際に〝ゼロ〟を意味するわけではない。「ほぼ実質《ネット》ゼロ」ということだ。これは合格か不合格かのテストではなく、一〇〇パーセント削減できればすべてうまくいき、九九パーセントしか削減できなければすべて悲惨なことになるという問題ではない。ただし、削減できる量が多ければ多いほど恩恵は大きくなる。

排出量を五〇パーセント削減するだけでは、気温上昇は食い止められない。上昇のペースが落ちるだけであり、やや先送りはされるだろうが、大災害を防ぐことはできない。

仮に九九パーセントを削減できたとしよう。その場合、残りの一パーセントはどの国や経済部門が使うのか。そもそもそうした問題について、どう判断を下せばいいのだろうか。

実のところ、最悪の気候シナリオを避けるには、温室効果ガスを増やすのをやめるだけでなく、どこかの時点で、すでに排出したガスを除去しはじめなければならない。このステップは「実質ネガティブエミッション（マイナス排出）」とも呼ばれる。つまり、最終的に気温上昇に歯止めをかけるには、増やす量よりも多くの温室効果ガスを大気から除去する必要があるということだ。「はじめに」で使ったバスタブの喩えに戻ると、注がれる水を止めるだけでなく、排水口をひらいて水を流出させる必要もあるのだ。

ゼロを実現できなかったときのリスクについては、おそらく本章を読む前にも何かで読んだことがあるのではないだろうか。そもそも、気候変動の問題はほぼ毎日ニュースで取り上げられているし、そうあるべきだ。気候変動は喫緊《きっきん》の問題であり、大きく取り上げられる価値がある。しかし報道はときに混乱していて、矛盾していることとすらある。

本書では、雑音を取り除くことを試みたい。長年僕は、世界トップクラスの気候科学者やエネルギー科学者から学ぶ機会を得てきた。この対話に終わりはない。気候科学者はコンピューター・モデルを使ってさまざまなシナリオを予測するが、新しいデータを取り入れてそのモデルが改善されていくのにともない、気候についての理解は絶えず進歩しているからだ。とはいえ僕自身にとっては、これから起こる可能性が高いことと、可能性はあるがおそらく起こらないことを整理するにあたって、科学者との対話がおおいに役立ってきた。また科学者との対話を通じて、悲劇的な結末を避ける唯一の道はゼロの達成だと確信した。本章では、僕が学んだことを一部わかち合いたい。

少しはたくさん

摂氏一、二度というほんのわずかのように思われる地球気温の上昇が、実はさまざまな問題を引き起こす。それを知って僕は驚いた。事実そうなのだ。気候においては、わずか数度の変化が大問題になる。最終氷河期の平均気温は、いまより摂氏六度低いだけだった。恐竜の時代の平均気温は、いまよりおそらく摂氏四度高く、ワニが北極圏に生息していた。

また平均気温だけを見ていると、気温にかなりの幅があることが目に見えにくくなる。この点を心に留めておくことも重要だ。産業革命以前の時代と比べ、地球の平均気温は摂氏一度高くなっただけだが、場所によってはすでに摂氏二度を超える上昇が起こっている。そして、世界の人口の二〇～四〇パーセントがそうした地域に暮らしている。

なぜほかより気温が上昇している場所があるのか。一部の大陸では内陸部が以前よりも乾燥し、昔ほど土地を冷やすことができなくなったからだ。要するに、大陸は昔よりも汗をかかなくなったのだ。

では、地球温暖化は温室効果ガスの排出とどう関係しているのか。基本からはじめよう。最も

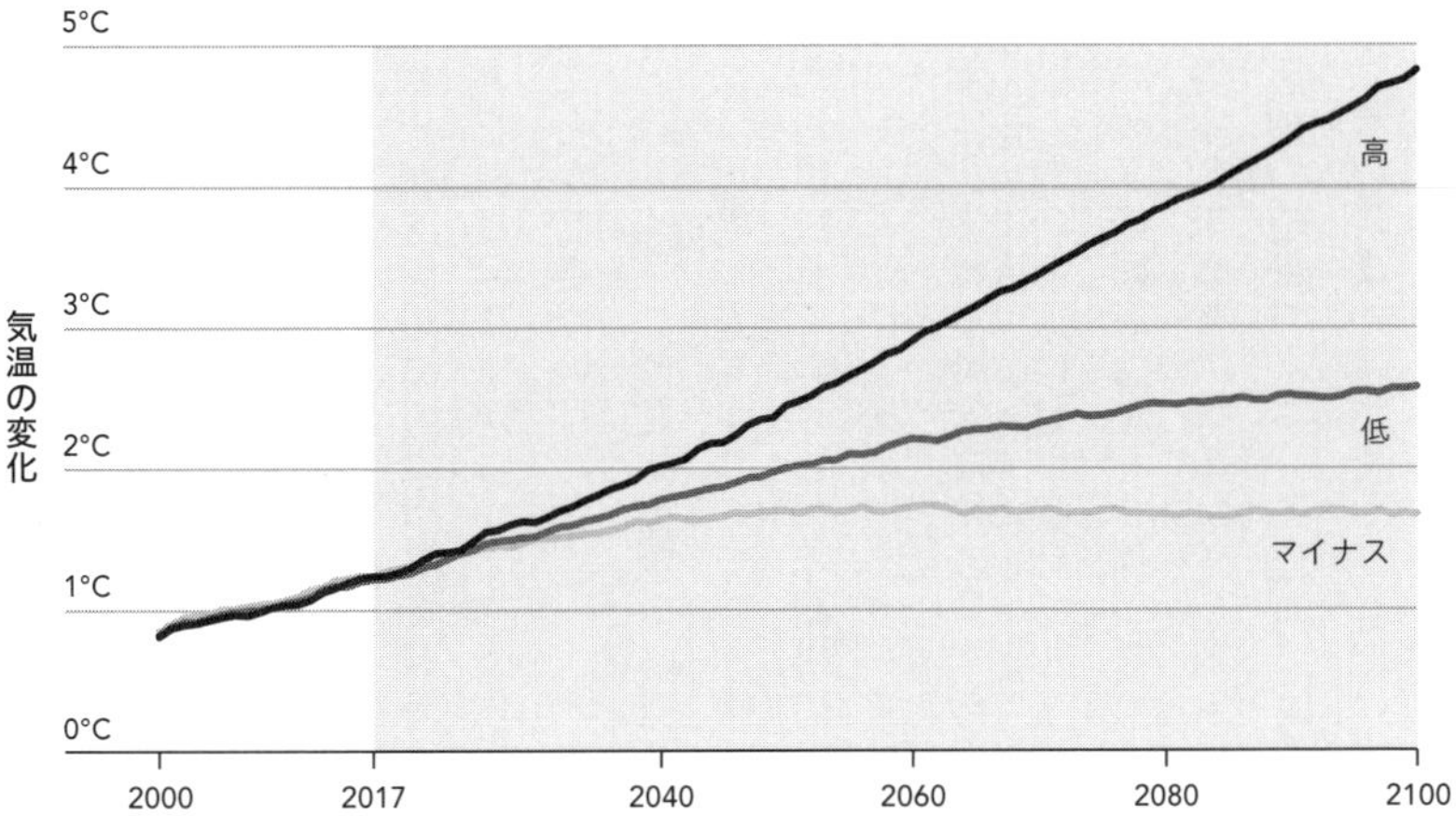

知っておくべき３本の線。これらの線は、将来どれだけ気温が上がる可能性があるかを示している。「高」の線は炭素の排出が大幅に増えた場合、「低」の線は排出の増加がさほどではなかった場合、「マイナス」の線は排出量よりも多くの炭素を除去しはじめた場合である（出典：KNMI Climate Explorer）。(1)

よく知られている温室効果ガスは二酸化炭素だが、亜酸化窒素やメタンなど、ほかにもいくつか存在する。笑気とも呼ばれる亜酸化窒素は、歯科医院で吸ったことがある人もいるかもしれない。メタンは、家庭のこんろや温水器で使われる天然ガスの主成分だ。分子あたりで比較すれば、こうしたほかのガスの多くのほうが、二酸化炭素よりも温暖化を引き起こす。たとえばメタンが大気中に広がると、二酸化炭素の一二〇倍の温暖化を生じさせる。ただし、メタンは二酸化炭素ほど長く大気中にとどまらない。

わかりやすくするために、たいていの人はさまざまな温室効果ガスをひとつにまとめて「二酸化炭素換算」という単位（CO_2eと略されることもある）を使う。二酸化炭素換算を使うのは、一部のガスは二酸化炭素よりも多くの熱を閉じこめるが大気中にそれほど長くとどまらないので、それを計算に入れるためだ。しかし残念ながら、二酸化炭素換算は不完全な測定単位である。最終的に問題になるのは温室効果ガスの排出量ではなく、気温の上昇とそれによる人間への影響だからだ。その点では、メタンのようなガスのほうが二酸化炭素よりもはるかにたちが悪い。すぐにかなりの気温上昇を引き起こすからだ。二酸化炭素換算では、この重要な短期的影響をじゅうぶん考慮に入れることができない。

とはいえ、二酸化炭素換算は排出量を示す最善の方法であり、気候変動について論じられるときには頻繁に登場するので、本書でもそれを用いる。繰り返し言及している五一〇億トンは、二酸化炭素換算での世界の年間排出量だ。ほかでは三七〇億や一〇〇億という数字も目にするかもしれない。三七〇億は、ほかの温室効果ガスを除く二酸化炭素だけの数字であり、一〇〇億はガス中に含まれる炭素自体の量である。変化をつけるために、また「温室効果ガス」を何度も使うと読んでいる人は目が疲れてしまうと思うので、本書ではときどき「炭素」を二酸化炭素やその他のガスの同義語として用いる。

温室効果ガスの排出は、一八五〇年代から劇的に増加した。これは化石燃料の使用など、人間の活動の結果である。三七頁のふたつのグラフを見てもらいたい。左のグラフは一八五〇年以降に二酸化炭素の排出量がどれだけ増えたかを示していて、右のグラフは世界の平均気温がどれだ

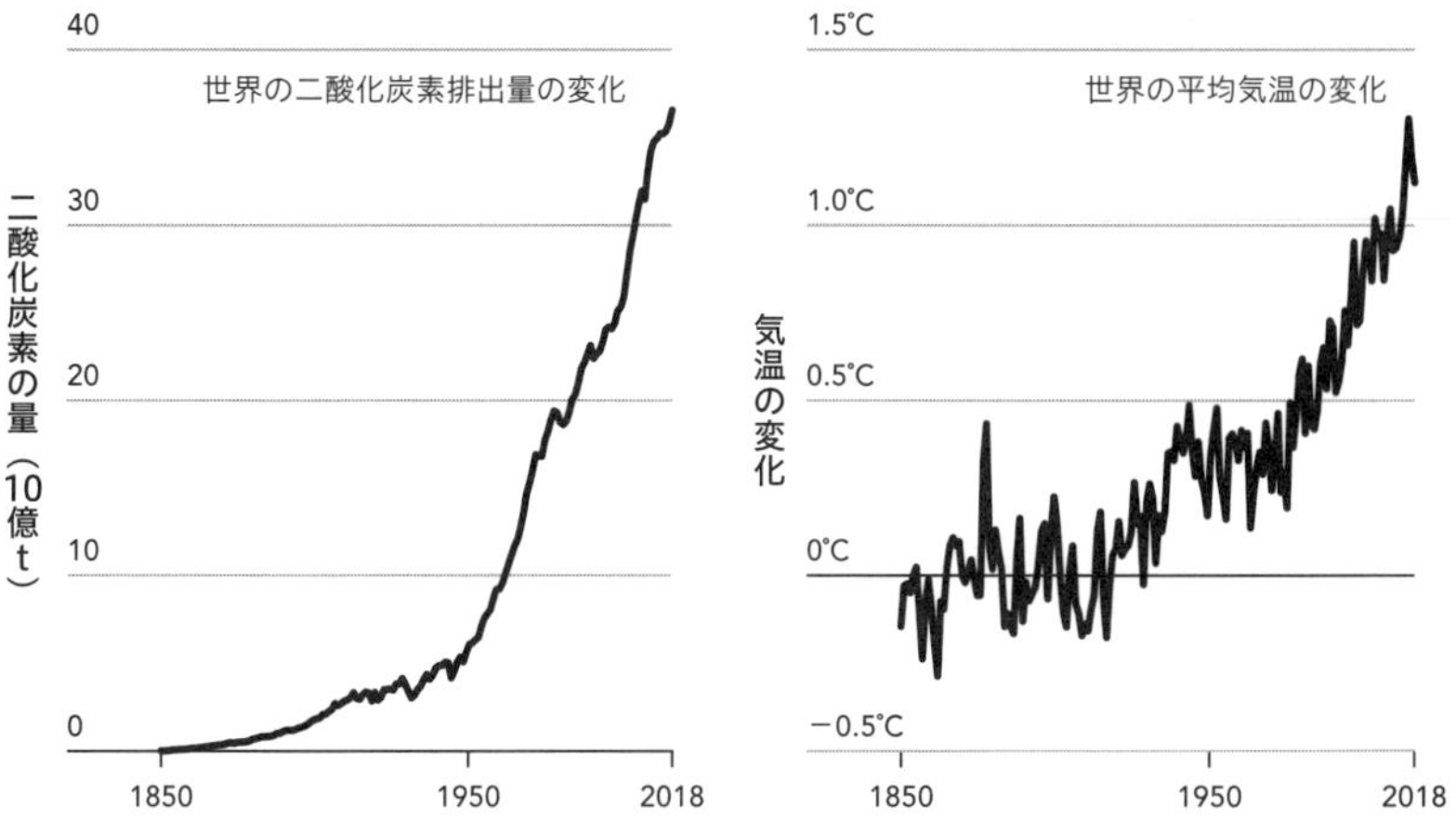

二酸化炭素排出量と世界の気温はともに上昇している。左のグラフからは、1850年以降、産業活動と化石燃料の燃焼による二酸化炭素排出がいかに増えたかがわかる。右のグラフからは、排出量とともに世界の平均気温が上昇していることが見てとれる（出典：グローバル・カーボン・バジェット 2019、バークレー・アース）。[2]

け上がったかを示している。

温室効果ガスは、どのような仕組みで温暖化を引き起こすのか。簡単にいうと、温室効果ガスは熱を吸収して大気中に閉じこめる。温室と同じ働きをすることが、その名の由来だ。

実はみなさんも、温室効果が起こっているところをとても小さな規模で目にしている。屋外の日が当たる場所に車を駐めているときだ。フロントガラスから日光がはいってきて、そのエネルギーの一部が車内に閉じこめられる。そのために、車内は外よりずっと暑くなるのだ。

しかし、この説明を聞くとさらに疑問が湧く。太陽熱は温室効果ガスを通過して地上に届くのに、そのあとで大気中の同じガスに閉じこめられてしまうのはなぜか。二酸化炭素は巨大なマジックミラーのようなものなのか。さらにいうなら、二酸化炭素とメタンは熱を閉じこめるのに、どうして酸素は閉じこめないのか。

答えは化学と物理できちんと説明できる。物理の授業で習ったのを憶えているかもしれないが、すべての分子は振動していて、振動が速ければ速いほどその分子は熱くなる。特定の種類の分子に特定の波長の放射線がぶつかると、分子が放射線を遮り、そのエネルギーを吸収して振動が速くなる。

ただし、すべての放射線がこの効果を生む波長にあるわけではない。たとえば太陽から受けとるエネルギー、日射《にっしゃ》は、吸収されることなくほとんどの温室効果ガスをそのまま通り抜ける。そして、その大部分が地上に達して地球を暖める。これは大昔から同じ仕組みだ。

問題はここにある。地球はこのエネルギーをすべて永久に保っておくわけではない。保っていたら、すでに人間が暮らせないほどの暑さになっているはずだ。地球はこのエネルギーの一部を宇宙に向けて放射し返す。そしてこのエネルギーの一部は、ちょうど温室効果ガスに吸収される波長範囲で放出される。おとなしく宇宙に出ていくのではなく、温室効果ガスの分子にぶつかって振動を速め、大気を温めてしまうのだ（ちなみに温室効果には感謝しなければならない。それがなければ、地球は人間が暮らせないほど寒くなってしまうからだ。問題は、余分な温室効果ガスのせいで温室効果が行き過ぎていることにある）。

すべてのガスがこのような働きをしないのはなぜか。窒素（N_2）や酸素（O_2）の分子など、同じ原子ふたつから成る分子は、放射線をそのまま通過させるからだ。二酸化炭素やメタンのように異なる原子からできている分子だけが、放射線を吸収して熱を帯びる構造をしている。

これが「なぜゼロを達成しなければならないのか」という問いへの第一の答えだ。大気中に排出した炭素はすべて温室効果を高めるからである。物理の法則を回避することはできない。

第二の答えは、これらの温室効果ガスが気候と人間に与える影響と関係している。

わかっていることと、わからないこと

気候変動の仕組みと原因について、科学者が解明すべきことはまだたくさんある。ＩＰＣＣの報告書は、たとえばどれほどのペースでどれだけ気温が上がるのか、気温上昇によって正確にいかなる影響が生じるのか、確実にわかっていないことを率直に認めている。

ひとつの問題は、コンピューター・モデルが完璧からはほど遠いことにある。気候は気が遠くなるほど複雑であり、雲が温暖化にどう影響するのか、余分に生じた熱が生態系にいかなる影響を与えるのかといったことについては、わかっていないことが多々ある。研究者はこうした未知の問題の所在を明らかにし、それを解明しようと努めている。

とはいえ、科学者がすでに知っていることもたくさんあり、ゼロを実現できなかったらどうなるのか、自信をもって述べられることもかなりある。いくつか重要な点を挙げよう。

地球は暖かくなっていて、その原因は人間の活動であり、影響は深刻で、今後さらにひどくなる。あらゆる理由から、影響はいずれ潰滅的になると考えられる。それが三〇年後なのか五〇年後なのか、正確にはわからない。しかし問題解決がきわめてむずかしいことを考えると、たとえ最悪の事態が訪れるのが五〇年後だとしても、いますぐ行動する必要がある。

産業革命以前と比べると、気温はすでに最低でも摂氏一度は上昇している。炭素の排出を減らさなければ、おそらく今世紀なかばには摂氏一・五〜三度、世紀末には摂氏四〜八度も上がることになる。

この余分な暑さのせいで、気候にさまざまな変化が生じる。何が起こるのかを説明する前に、言っておかなければならないことがひとつある。「暑い日が増える」、「海面が上昇する」といったおおまかな傾向は予測できるが、特定の出来事をはっきりと気候変動のせいにすることはできない。たとえば熱波に襲われたとき、気候変動だけがその原因かを判断することは不可能だ。ただ、気候変動によって熱波が発生する可能性がどれほど高まったかは判断できる。ハリケーンについても、海水が温かくなったせいで暴風が増えているのかはわからないが、気候変動のせいで豪雨をともなう激しい暴風が増えているというエビデンスは蓄積されつつある。こうした極端な現象が互いに作用しあってさらに深刻な影響を生むのか、どの程度互いに作用しあうのかといったこともわからない。

ほかにわかっていることは何か。

ひとつには、非常に暑い日が増える。アメリカ各地のさまざまな都市の数字を挙げることができるが、ここではニューメキシコ州アルバカーキを取り上げたい。僕自身と特別なつながりのある街だからだ。そこでポール・アレンと僕は、一九七五年にマイクロソフトを立ち上げた（正確にはMicro-Soft社だが、思いなおして二年後にハイフンを取ってSを小文字にした）。僕たちが会社をはじめたばかりの一九七〇年代なかばには、アルバカーキの気温が摂氏三二度（華氏九〇度）を超えるのは年に平均三六回ほどだった。今世紀なかばには、摂氏三二度を超える日は少なくとも倍増し、世紀末には年に一一四日になると見こまれている。つまり、暑い日が毎年一カ月相当から三カ月相当に増えるわけだ。

気温と湿度の上昇によって、すべての人が同じように影響を受けるわけではない。たとえば、一九七九年にポールと僕がマイクロソフトを移転させたシアトル地域では、おそらく影響は比較的少ない。摂氏三二度まで気温が上がる日は一九七〇年代には年にわずか一日か二日で、今世紀の後半になっても年に一四日ほどだろう。また、温暖化した気候から恩恵を受ける場所もあるかもしれない。たとえば、寒冷地では低体温症やインフルエンザで亡くなる人の数が減り、家や職場の暖房の費用も下がる。

しかし世界全体の傾向としては、温暖化によって問題が生じることが予想される。また、このように暑さが増すことで連鎖反応が起こる。たとえば暴風雨が深刻化する。暴風雨が増えているのは暑さのせいなのか、科学者の見解はまだ一致していないが、概して暴風雨は激しさを増しているようだ。また、平均気温が上がると地表から大気へと蒸発する水の量が増える。水蒸気は温室効果ガスだが、二酸化炭素やメタンとは異なり、大気中に長くとどまることはない。やがて雨や雪として地表に戻ってくる。水蒸気が凝縮して雨になると、大量のエネルギーを放出する。激しい雷雨を経験したことがある人なら、だれでも知っているはずだ。

非常に強力な暴風雨でもたいてい数日で収まるが、その影響は何年もあとを引く。人命が失われること自体も悲劇だが、生き残った者たちも悲嘆に暮れ、しばしば貧窮状態に追いこまれる。ハリケーンや洪水は建物、道路、送電線を破壊し、復旧に何年もの月日がかかる。もちろんいずれすべて修復されるが、そのためには、経済成長を促すための新規投資にまわせるはずの資金と時間を流用しなければならない。前進する代わりに、以前の状態に戻す努力をつづけなければならないわけだ。ある研究の推定では、二〇一七年のハリケーン・マリアのせいで、プエルトリコのインフラ整備には二〇年を超える遅れが生じた。(3) いつ次の暴風雨がやってきて、さらなる遅れが生じるのか。それを知る術《すべ》はない。

こうした強力な暴風雨によって、いびつで極端な状況が生じている。ある場所では雨が増えているのに、ほかの場所では干魃が深刻化して頻度も増えているのだ。暖かい空気はより多くの水分を保持できるので、空気は暖かくなればなるほど水分を欲し、土からさらに水を吸い上げる。今世紀末には、アメリカ南西部の土に含まれる水分は一〇~二〇パーセント減り、干魃のリスクは最低でも二〇パーセント増える。四〇〇〇万人近くに飲料水を提供し、七分の一を超えるアメ

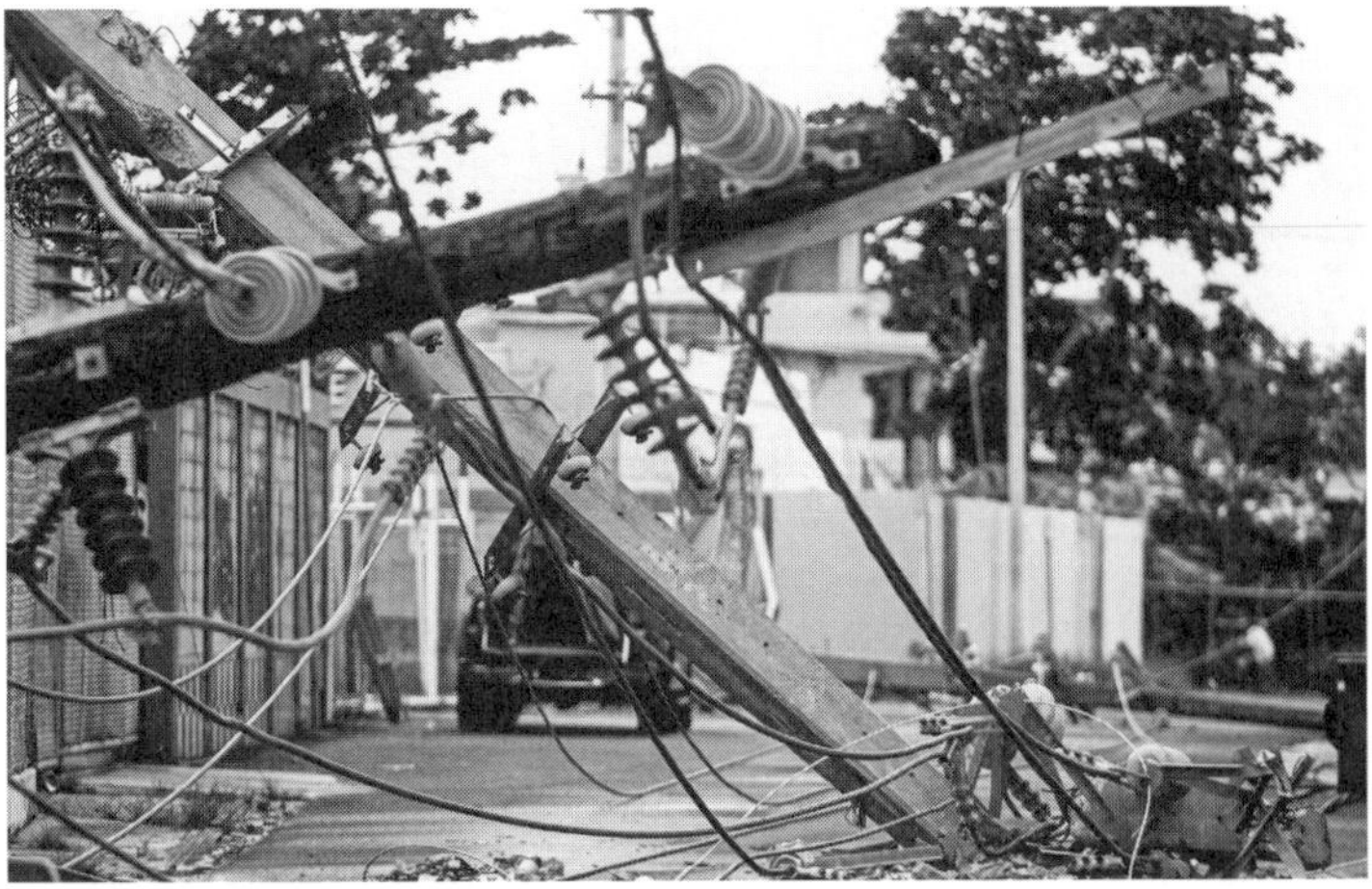

ある研究によると、ハリケーン・マリアのせいで、プエルトリコの送電網やその他インフラの整備に 20 年ほどの遅れが生じたという。[(4)]

リカの農作物に灌漑用水を供給しているコロラド川の水が涸《か》れるおそれもある。

気候が暖かくなることで、山火事も頻度と激しさを増す。暖かい空気は植物や土から水分を吸収するので、ものが乾燥し燃えやすくなるのだ。場所によって条件が大きく異なるため、世界各地の状況はさまざまだ。だが、カリフォルニアには現在進行中の現象が劇的に表れている。カリフォルニアでは現在、山火事が一九七〇年代の五倍発生している。おもな原因は、火災のシーズンが長くなったことと、燃えやすい乾燥した木が森のなかに大幅に増えたことだ。アメリカ政府によると、この増加の半分は気候変動のせいであり、今世紀なかばまでにアメリカでは山火事による惨事が少なくとも倍増する可能性がある。[(5)]二〇二〇年にアメリカで甚大な被害をもたらした山火事シーズンを憶えている人なら、これを聞いて不安を覚えるにちがいない。

気温が上がることによるもうひとつの影響が、海面上昇だ。海面が上昇するのは北極圏や南極の氷が溶けるからであり、水温が上がると海水が膨張するからでもある（これは金属も同じで、指輪が抜けなくなったときにお湯をかければ取れるのもそのためだ）。世界の平均海水位は、二一〇〇年までにおそらく全体で数十センチメートル程度上昇すると予想されている。たいした数字ではないと思うかもしれないが、この上昇によって、ほかよりはるかに大きな影響を受ける地域もある。当然ながら海岸部は窮地に陥るが、非常に多孔質な土地にある都市も被害を受ける。すでにマイアミでは、雨が降っていないときでも雨水用の排水管から海水が噴き出ている。これは干天洪水（dry-weather flooding）と呼ばれ、状況が改善する見こみはない。ＩＰＣＣの控えめなシナリオでも、二一〇〇年までにマイアミ周辺の海面は六〇センチメートル近く上昇する。街の一部が沈下し、それによってさらに水位が約三〇センチメートル上がる可能性もある。

海面上昇は、世界で最も貧しい人たちにはさらに深刻な問題だ。貧困脱出への道を順調に歩んでいる貧困国、バングラデシュがその典型例である。バングラデシュは厳しい気候にずっと悩まされてきた。同国にはベンガル湾に面した数百キロメートルの海岸線があり、国土のほとんどが低地で洪水の被害を受けやすい河川デルタである。それに毎年、大雨が降る。しかも、気候変動によってバングラデシュの暮らしはさらに厳しくなっている。サイクロン、高潮、河川の氾濫のために、いまは国土の二〇〜三〇パーセントが水に浸かることもよくあり、全国で農作物や家が流されて死者が出ている。

最後に、二酸化炭素が増えて気温が上がることで、植物や動物も影響を受けている。ＩＰＣＣが参照する研究によると、気温が摂氏二度上昇すると、生息・生育域は脊椎動物で八パーセント、植物で一六パーセント、昆虫で一八パーセント狭くなるという(6)。

食べ物については、プラスとマイナス両方の影響があるが、やはり状況は厳しい。一方で、二酸化炭素が大気中にたくさんあると、小麦をはじめとする多くの植物は短期間で育ち、必要な水の量も少なくなる。他方で、トウモロコシはとりわけ暑さに敏感だ。トウモロコシはアメリカでいちばんの農作物であり、その価値は年間五〇〇億ドルを超える(7)。アイオワ州だけでも、五万二六〇〇平方キロメートルを超える土地でトウモロコシが育てられている(8)。

地球全体で見ると、気候変動が農地一エーカー（約〇・四ヘクタール）あたりの収穫量に与える影響には幅広い可能性がある。北方の一部地域では収穫量が増える可能性があるが、ほとんどの場所では数パーセントから最大で五〇パーセントほど減ることが予想される。気候変動によって、今世紀なかばまでにヨーロッパ南部の小麦とトウモロコシの生産量は半減するかもしれない。サハラ以南のアフリカでは、作物の栽培期が二〇パーセント短くなり、何万平方キロメートルもの土地が大幅に乾燥する可能性がある。多くの人がすでに収入の半分を食べ物に使っている貧しいコミュニティで、食料価格が二〇パーセント以上あがるかもしれない。中国の農業は小麦、米、トウモロコシを世界の人口の五分の一に供給している。その中国が深刻な干魃に襲われたら、一部の地域で、場合によっては地球全体で食糧危機が生じかねない。

気温の上昇は、僕たちが食べたり生乳をとったりする動物にも悪影響を及ぼす。家畜は生産性が下がり、早死にしやすくなって、肉、卵、乳製品が値上がりする。海産物で暮らしを立てるコミュニティも問題に直面する。海は温かくなっているだけでなく、二分化されてもいるからだ。つまり、ある場所では海水に酸素が増え、ほかの場所では減っていて、その結果、魚やその他の海洋生物が別の海域に移動したり死んだりしている。気温が摂氏二度上昇するとサンゴ礁が完全に失われ、一〇億を超える人にとって海産物の主要供給源が破壊される可能性がある。

雨が降らず、土砂降りになる

一・五度と二度はたいして変わらないと思うかもしれないが、気候科学者は両方のシナリオをシミュレーションしていて、結果は望ましいものとはいえない。さまざまな意味で、二度の上昇は一・五度よりも単に三三パーセントひどいということにはならない。一〇〇パーセント悪い可能性もある。きれいな水を入手しにくい人は倍増し、熱帯地方のトウモロコシの生産量は半減する。

気候変動によるこうした影響のどれかひとつを取っても、かなり深刻だ。暑さと洪水に見舞われるだけで、ほかはなんの影響も受けずにすむという人はいない。気候の作用はそんなものではないのだ。気候変動の影響は、一つひとつ積み重なって大きなものになる。

たとえば、気温が上がると蚊が新しい場所に生息しはじめ（蚊は湿気のある場所を好むので、乾燥した地域から湿度の上がった地域へ移動する）、かつては存在しなかった場所でマラリアなど昆虫が媒介する病気が発生するようになる。

熱中症も大きな問題になる。これも何より湿度と関係している。空気は一定量の水蒸気しか保つことができず、限界に達して飽和状態になると、それ以上は水分を吸収できなくなる。なぜこれが問題なのか。人間は身体を冷やすために、蒸発というかたちで汗を空気に吸収してもらう必要があるからだ。汗を空気に吸収してもらえなければ、どれだけ汗をかいても身体は冷えない。汗の行き場がないので体温は下がらず、その状態のままだと数時間以内に熱中症で死ぬ。

もちろん、熱中症は新しい現象ではない。しかし気温と湿度が上がると、はるかに大きな問題になる。ペルシャ湾、南アジア、中国の一部など、特に危険な地域では、暑い時期には数億人が死の危険に晒《さら》されることになる。

こうした影響が積み重なるとどうなるのか。それを考えるために、一人ひとりの人間への影響を見てみよう。想像してもらいたい。あなたは、二〇五〇年にネブラスカ州でトウモロコシ、大豆、畜牛を育てる若くて裕福な農場主だ。気候変動はあなたとあなたの家族にどのような影響を与えるのか。

海岸から遠いアメリカの内陸部にいるので、海面上昇から直接の被害を受けることはない。しかし暑さからは被害を受ける。あなたが子どもだった二〇一〇年代には、気温が摂氏三二度に達するのは年に三三日だったが、いまは六五〜七〇日だ。降雨量もはるかに不安定になった。子ども時代には年間およそ六三五ミリメートルだったが、いまは少ないときは五五九ミリメートル、多いときは七三七ミリメートルだ。

おそらくあなたは、暑さと予測できない降雨に合わせて、すでに仕事を調整している。何年も前に資金を投じて暑い気候にも耐えられる新種の作物を導入し、一日のなかでも特に暑い時間帯は屋内で過ごせるように対処法を見いだした。新種の作物や対処法に余計なお金を使いたくはなかったが、そうするほうがしないよりましだったのだ。

ある日、なんの前触れもなく激しい暴風雨に見舞われる。近くの川の水が溢れ、何十年も水を食い止めていた堤防が決壊して、あなたの農地も水に浸かる。両親の時代なら一〇〇年に一度の大洪水と呼ばれたであろう氾濫だが、いまとなっては一〇年に一度しか起こらなければラッキーだ。作付けしていたトウモロコシと大豆は大部分が水に流され、貯蔵穀物は完全に水浸しになって腐ってしまい、廃棄せざるをえなくなった。本来なら畜牛を売って損失分を埋め合わせることができるのだが、家畜の飼料もすべて流されてしまったので、すぐに死んでしまう。

やがて水が退くと、近くの道路、橋、鉄道が使えなくなっている。なんとか守ることができた穀物も出荷できない。仮にまだ畑が使えたとしても、次の種播《ま》き期に必要な種をトラックで運ぶのは困難だ。こうしたことがすべて積み重なって大きな損害となり、あなたは農場主としてやっていけなくなって、代々受け継いできた土地を手放さざるをえなくなるかもしれない。

わざと極端な例を選んでいると思われるかもしれないが、特に貧しい農家ではこれと同じようなことがすでに起こっている。今後数十年のうちに、はるかに多くの人が同じ経験をすることになるおそれがある。こうした例だけでもかなり深刻だが、地球全体を見ると、世界で最も貧しい一〇億人はこれよりはるかにひどい状態に置かれることになる。この一〇億人はすでに生きていくのに精いっぱいなのに、気候が悪化すると、さらに苦しい生活を強いられるのだ。

改めて想像してもらいたい。あなたはインドの農村で暮らしている。あなたと夫は自給自足農民で、つくる食べ物はほぼすべて家族で食べる。特に豊作のときには余ったものを売って、子どもの薬を買ったり、子どもを学校にかよわせたりする。しかし不幸にも熱波が頻繁にやってくるようになり、あなたの村は人が暮らせる場所ではなくなってきた。摂氏五〇度以上となる日が数日つづくのも珍しくない。暑さに襲われ、はじめて害虫にも蝕《むしば》まれて、畑で作物を育てるのもほぼ不可能になる。インドのほかの場所ではモンスーンによって洪水が起こっているのに、あなたの村ではいつもより雨がずっと少なく、水を確保するのが非常に困難になって、週に数度だけパイプからほんのわずか出る水で生きのびる。家族を食わせていくだけでもむずかしくなる。

すでに長男は数百キロメートル離れた大都市に出して働かせている。食べさせることができなくなったからだ。近所のある人は、家族を養えなくなってみずから命を絶った。あなたと夫は、なじみのある農場にとどまって生き残りをはかるべきだろうか。それとも土地を捨て、生計を立てられる可能性のある都市部に移動すべきか。

胸の締めつけられるような決断だ。しかし、世界中の人がすでにこのような選択を迫られ、胸のはり裂けそうな思いをしている。二〇〇七年から二〇一〇年にかけて、シリアで観測史上最悪の干魃が起こったときには、およそ一五〇万もの人が農村から都市に移動し、二〇一一年に武力紛争がはじまるきっかけになった。気候変動によって、干魃は以前の三倍起こりやすくなっている。(9) 二〇一八年までに約一三〇〇万のシリア人が住処《すみか》を追われた。

この問題は悪化の一途をたどっていく。異常気象と欧州連合（EU）への亡命申請の関係を考察した研究によると、気温上昇の幅がさほど大きくなくても、今世紀末までに亡命申請者は二八パーセント増え、年間四五万人近くに達する可能性があるという。(10) 同じ研究では、農作物の収穫量が減ることで、二〇八〇年までにメキシコの成人の二〜一〇パーセントが国境を越えてアメリカへ入国を試みるとも予想されている。

COVID‐19のパンデミックを経験している人たちに、これをわかりやすく説明してみよう。気候変動による被害を理解するには、COVID‐19のことを考え、その苦しみがはるかに長期間つづくと想像してみるといい。世界の炭素排出をなくさなければ、今回のパンデミックと同じような人命の損失と経済的苦境が日常的に起こるのだ。

人命の損失から見てみよう。COVID‐19と気候変動では、それぞれどれだけの人が死ぬのか。二〇二〇年のパンデミックと、たとえば二〇三〇年の気候変動という異なる時点の出来事を比べることになり、そのあいだに世界の人口は変わるため、死者の絶対数を比較することはできない。その代わりに、ここでは死亡率を用いる。人口一〇万人あたりの死者数だ。一九一八年のスペイン風邪とＣＯＶＩＤ－19パンデミックのデータを使い、そこから一〇〇年間の平均を割り出せば、地球規模のパンデミックによって世界の死亡率がどれだけ上がるかを推定できる。それによると、一〇万人あたり一年におよそ一四人の増加だ。

これを気候変動による死者と比べてみよう。今世紀なかばまでに、地球の気温上昇によって、世界の死亡率はパンデミックによる増加分と同じだけ増えると予想される。つまり一〇万人あたりおよそ一四人の増加だ。炭素排出量の増加が高止まりしていたら、世紀末までに気候変動による死者は一〇万人あたり七五人増えると見こまれる。

要するに、今世紀なかばまでに気候変動によってＣＯＶＩＤ－19と同じぐらいの死者が出て、二一〇〇年にはその五倍の死者が出る可能性があるということだ。

経済の展望もきわめて厳しい。気候変動とＣＯＶＩＤ－19の影響については、使用する経済モデルによって予想がかなり異なる。しかし、結論は明らかだ。今後一〇～二〇年のうちに、気候変動による経済損失は、ＣＯＶＩＤ－19規模のパンデミックが一〇年に一度やってくるのと同じぐらい深刻なものになる可能性が高い。いまのペースで世界が炭素を排出しつづければ、今世紀末にはさらに深刻な状況に陥る。*

ニュースで気候変動の話題を追っている人なら、本章で示した予測の多くを耳にしたことがあるかもしれない。しかし、気温が上がるにつれて、こうした問題はすべてさらに頻繁に、深刻に、多くの人に対して起こるようになる。また、たとえば地球上の恒久的に凍結していた土地（永久凍土層と呼ばれる）の相当部分が溶け、そこに閉じこめられていた大量の温室効果ガス（おもにメタン）が放出されると、破壊的な気候変動が比較的短期間で起こる可能性もある。

科学的に不確かな点も残ってはいるが、これからよくないことが起こるのはすでにわかっている。僕たちにできるのは、次のふたつだ。

適応。すでに起こっている変化と、これから起こるとわかっている変化の影響を最小限に食い止めるよう努める。気候変動によって最も深刻な影響を受けるのは世界の最も貧しい人びとであり、世界の最も貧しい人びとのほとんどは農業従事者だ。したがって、ゲイツ財団の農業チームも適応に大きな力を注いでいる。たとえば多くの研究に資金を提供し、これからの数十年で頻度も深刻さも増す干魃と洪水に耐えられる新種のさまざまな作物の開発を支援している。適応については第9章でさらに詳しく説明し、必要な手段の概要を示す。

緩和。本書の大部分は適応について語っているわけではない。おもに論じているのは、しなければならないもうひとつのこと、すなわち大気中の温室効果ガスを増やすのをやめることだ。悲劇を回避する望みをつなぐには、世界最大級の排出国、つまりとりわけ豊かな国ぐにが二〇五〇年までに排出実質ゼロを達成しなければならない。中所得国もそのあとすぐにゼロを達成する必要があり、最終的にほかの国もあとにつづくことが求められる。

豊かな国が先行すべきという考えに反対する声もある。「どうしてわれわれがいちばんの重荷を背負わなければならないのか」というわけだ。豊かな国が先行すべきなのは、単に僕たちが問題のほとんどを引き起こしたから、という理由のためだけではない（それも事実だが）。これは巨大なビジネス・チャンスでもあるからだ。炭素ゼロの企業や産業をつくった国が、この先数十年の世界経済を牽引することになる。

豊かな国は、気候について斬新な解決策を生み出すのに最もふさわしい立場にある。政府の補助金、研究型の大学、国立研究所、世界中から人材を集めるスタートアップ企業があって、先導役を務めることができるからだ。エネルギー分野でブレークスルーを実現させ、それを世界規模で安価に展開できることを示せれば、新興経済国でもそれを採用しようとする顧客を多数見いだせるだろう。

ゼロへと向かう道はたくさんある。それらを詳しく検討する前に、その旅がいかに困難なものになるかを見ておかなければならない。

＊次のような計算だ。最近のモデルでは、気候変動による二〇三〇年の損失は、アメリカの年間ＧＤＰの〇・八五～一・五パーセントになる可能性が高いと示唆されている。一方で、アメリカにおける本年のＣＯＶＩＤ‐19による損失は、現在の推定によるとＧＤＰの七～一〇パーセントと見こまれる。同様の混乱が一〇年に一度起こると想定したら、一年あたりの平均損失はＧＤＰの〇・七～一パーセントということになり、気候変動によって想定される損失とほぼ同じになる。

第2章　道は険しい

本章のタイトルを見て気を落とさないでもらいたい。すでに伝わっていると思うが、僕はゼロを達成できると信じている。以降の章では、そう信じる理由と、そこに到達するのに必要なことを説明する。しかし、どれだけのことをしなければならないのか、いかなる障害を乗り越えなければならないのかをまず正直に話さなければ、気候変動のような問題を解決することはできない。したがって、化石燃料からの移行を加速させる方法を含め、解決策にたどり着けるという考えを念頭に置きながら、僕たちが直面している最大の障害をいくつか見ていこう。

化石燃料は水のようである。 僕は作家、故デヴィッド・フォスター・ウォレスの大ファンだ（彼が書いたほかの作品を少しずつ読みすすめながら、大作『インフィニット・ジェスト（*Infinite Jest*）』に挑む日に備えている）。二〇〇五年、ケニオン大学の卒業式での今では有名になったスピーチの冒頭で、ウォレスは次の物語を紹介している。

若いおサカナが二匹、／仲よく泳いでいる。／ふとすれちがったのが、／むこうから泳いできた年上のおサカナで、／二匹にひょういと会釈して声をかけた。／「おはよう、坊や、水はどうだい？」／そして二匹の若いおサカナは、／しばらく泳いでから、はっと我に返る。／一匹が連れに目をやって言った。／「いったい、水って何のこと*？」

そしてウォレスはこう説明を加える。「このおサカナの小ばなしの肝心かなめのポイントは／あまりにもわかりきっていて／ごくありきたりの／いちばんたいせつな現実というものは／えてして／目で見ることも／口で語ることも／至難のわざである／ということです」（邦訳一一頁）

化石燃料もこれと似ている。化石燃料もその他の温室効果ガスの発生源も、あまりにも広く浸透しているので、僕たちの暮らしへの影響を把握しにくいのだ。わかりやすくするために、身のまわりのものから説明をはじめよう。

あなたは今朝、歯を磨いただろうか。歯ブラシにはおそらくプラスティックが含まれていて、それは化石燃料である石油からつくられる。

朝食をとったのなら、トーストやシリアルの穀物は肥料を使って育てられていて、肥料をつくるときには温室効果ガスが出る。穀物を収穫したトラクターは、化石燃料を使い炭素を排出して製造された鋼鉄でつくられていて、ガソリンで走る。昼食にハンバーガーを食べたとする（僕もときどき食べる）。牛はげっぷやおならでメタンを出すので、肉牛を育てれば温室効果ガスが出るし、バンズに使われる小麦を育てて収穫する際にも温室効果ガスが出る。

服を着たのなら、それには木綿が使われているかもしれない。その木綿も肥料を使って育てられたのちに収穫されたものだ。あるいはポリエステルが使われていたら、その原料のエチレンは石油由来である。トイレットペーパーを使ったのなら、それによっても木が伐採され炭素が排出されている。

今日、電気自動車で通勤や通学をしたのなら、それはすばらしい。ただ、その電気はおそらく

＊スピーチ「これは水です」の全文は、bulletin-archive.kenyon.edu で読むことができる（デヴィッド・フォスター・ウォレス『これは水です』阿部重夫訳、田畑書店、二〇一八年、六～七頁）。すばらしいスピーチだ。

化石燃料を使ってつくられている。電車に乗ったのなら、線路は鋼鉄、トンネルはセメントでできている。それらをつくるときには化石燃料が使われ、製造の過程で副産物として炭素が排出される。あなたが乗った車やバスも鋼鉄とプラスティックでできている。先週末に乗った自転車も同じだ。車で走った道路にはセメントと、石油からつくられたアスファルトが含まれている。

あなたがマンションに住んでいたら、おそらくセメントに取り囲まれている。木造住宅で暮らしていたら、その材木を切って加工するのに使われたのは、鋼鉄とプラスティックでつくられガソリンで動く機械だ。家や職場で暖房や冷房を使っていたら、かなりの量のエネルギーを消費しているのに加えて、エアコンの冷媒に強力な温室効果ガスが使用されている可能性もある。金属やプラスティックでできた椅子に座っていたら、それもさらなる排出を意味する。

それに歯ブラシから建築資材まで、こうした物品はほぼすべてほかの場所からトラック、飛行機、列車、船で運ばれてきていて、それらもすべて化石燃料で動き、化石燃料を使ってつくられている。

要するに、化石燃料はありとあらゆるところに使われているのだ。たとえば石油は、世界で一日に四〇億ガロン（およそ一五〇億リットル）使用されている。それだけ大量に使っているものを、一夜にして使用停止にはできない。

さらにいうなら、化石燃料があらゆるところで使われているのには、もっともな理由がある。とても安いのだ。〝石油はソフトドリンクよりも安い〟といわれる。はじめて聞いたときは信じられなかったが、これは事実だ。こんな計算になる。(2)石油一バレルは四二ガロンである。二〇二〇年下半期の石油平均価格は一バレルあたり四二ドルだったので、一ガロン（約三・八リットル）あたり一ドルだ。他方で、コストコで売られている炭酸飲料は八リットルで六ドルであり、一ガロンあたり二・八五ドルになる。

石油価格の変動を計算に入れても結論は変わらない。世界中の人びとは、ダイエット・コークよりも安い製品を毎日四〇億ガロン使って暮らしているのである。

化石燃料がそれほど安いのには理由がある。まず、大量に存在して輸送が容易だからだ。また、すでに世界規模の巨大な産業が存在して、化石燃料の採掘、加工、輸送、価格を低く抑える技術開発に力を注いでいる。それに、化石燃料の価格には、それが引き起こすダメージのコストが反映されていない。採取され燃やされるときに気候変動、公害、環境汚染に及ぼす影響は価格に含まれていないのだ。この問題については第10章でさらに詳しく検討する。

問題の大きさを考えるだけでめまいがしそうだ。しかし、打つ手がないわけではない。すでにあるクリーンで再生可能なエネルギー源を広く展開させながら、同時に炭素ゼロのエネルギー分野でブレークスルーを実現することで、実質排出量をゼロにする方法を見つけだすことができる。そこで鍵になるのは、クリーンな技術を現在の技術と同じ水準まで、あるいはほぼ同じ水準まで安くすることだ。

ただし急がなければならない。というのも問題は……

豊かな国だけのものではないからだ。世界のほぼすべての場所で、人は健康になり長生きするようになっている。生活水準が向上し、自動車、道路、建物、冷蔵庫、パソコン、エアコンと、それらを動かすエネルギーの需要が高まっている。その結果、ひとりあたりのエネルギー使用量が増え、ひとりあたりの温室効果ガス排出量も上昇する。それに、風力タービン、ソーラーパネル、原子力発電所、電力貯蔵施設など、こうしたエネルギーをすべてつくるのに必要なインフラを整えること自体、温室効果ガスの排出をともなう。

一人ひとりがさらにエネルギーを使うようになるだけではない。エネルギーを使う人の数も増える。世界の人口は、今世紀末には一〇〇億人に迫る。人口増加のほとんどは、高度に炭素集約型の都市で起こっている。都市は信じられないスピードで成長しつつあり、二〇六〇年までに世界の建築物ストック（建築物の数と大きさを考慮に入れた統計値）は倍増する。四〇年間、ニューヨーク市の規模の街が毎月ひとつできるようなもので、これはおもに中国、インド、ナイジェリアなどの発展途上国が成長しているためだ。

よい暮らしができるようになった人たちにはいいことだが、僕たちがみなそのもとで暮らす気候にはよくない。考えてみてほしい。世界の排出量の四〇パーセント近くが、最も豊かな一六パーセントの人びとによるものである（なおここには、ほかの場所で製造されて富裕国で消費される製品の排出分は含まれていない）。この豊かな一六パーセントのように暮らす人が増えたらどうなるだろう。二〇五〇年までに世界のエネルギー需要は五〇パーセント増加し、状況が何も変

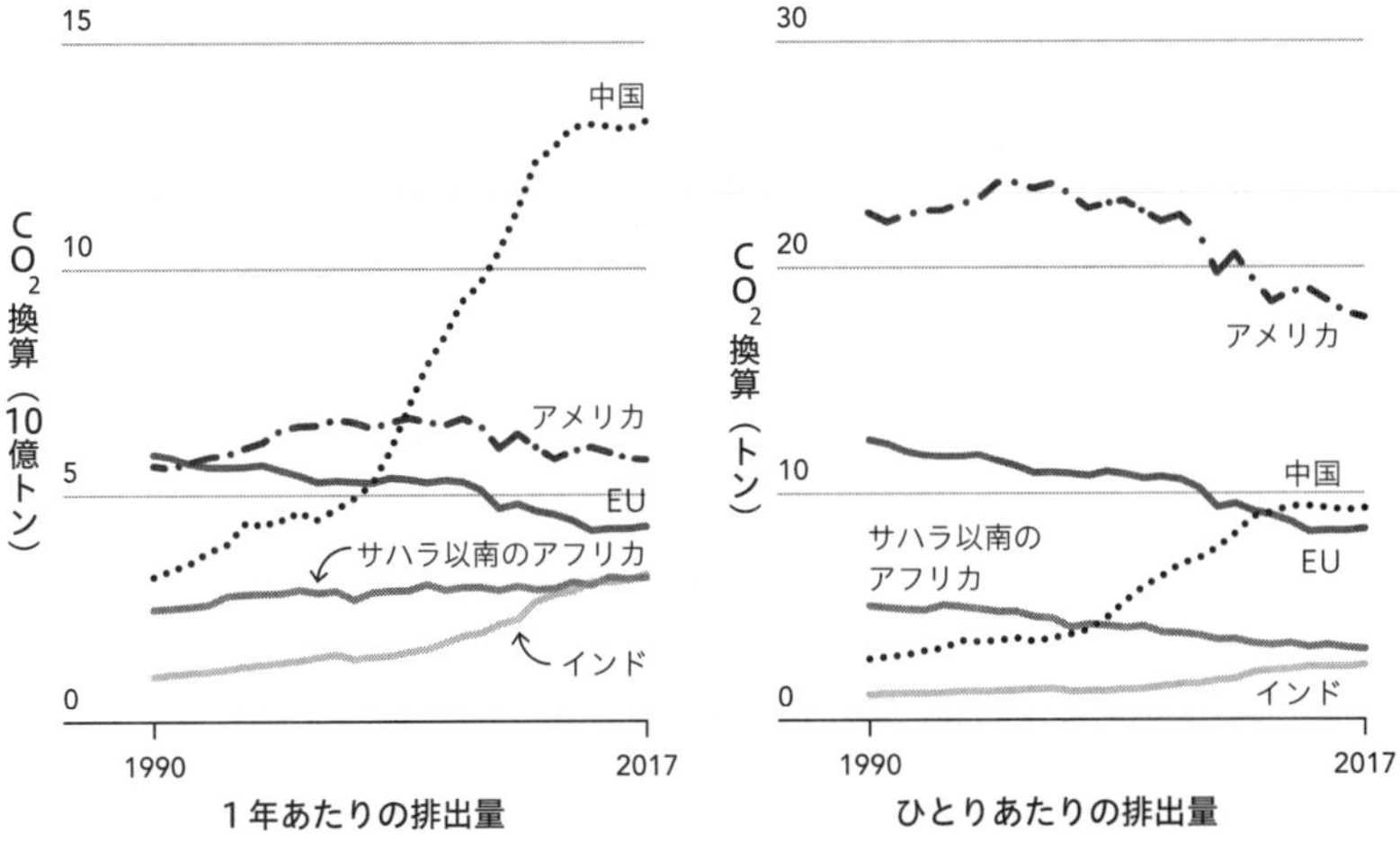

どこで排出されているのか。アメリカやヨーロッパなどの先進国では、排出は横ばいか低下傾向にあるが、多くの発展途上国で急増している。ひとつにはこれは、豊かな国が炭素排出量の多い製造業を貧しい国にアウトソーシングするようになったためだ（出典：国連人口部、ロジウム・グループ）。[3]

わらなければ、炭素排出量もほぼ同じだけ増加する。仮に豊かな国がいま奇跡的にゼロを達成しても、ほかの国の排出量はどんどん増えていくのだ。

　貧しい人たちが経済発展のはしごを上るのを止めようとするのは、道徳的でもなければ現実的でもない。豊かな国が温室効果ガスを排出しすぎたからといって、貧しい国を貧しいままにしておくことは望めないし、仮に望んだとしても、そんなことはそもそも不可能だ。必要なのは、気候変動を悪化させることなく低所得者が経済発展のはしごを上れるようにすることである。できるだけ早くゼロを実現しなければならない。つ

今後 40 年間、世界はニューヨーク市を毎月ひとつ、つくりつづける。[4]

多くの農業従事者が、いまも昔ながらの手法を用いることを余儀なくされている。これも貧困状態から抜け出せない一因だ。最新の道具で取り組めるようにすべきだが、現時点では、そうした道具を使うと温室効果ガスの排出が増える。(5)

まり大気中の炭素を増やすことなく、いまより多くのエネルギーを生産しなくてはならないのだ。

残念ながら……

歴史は僕たちの味方ではない。かつてのエネルギー移行にかかった時間を考えただけでも、「できるだけ早く」はずいぶん先のことだとわかる。いまと同じようなこと、つまり、あるエネルギー源から別のエネルギー源への移行を人類は過去にも経験しているが、毎回何十年もの時間がかかっている（このテーマについて書かれた本のなかで、僕が読んで最もよかったのは、バーツラフ・シュミルの『エネルギー移行（*Energy Transitions*）』および『エネルギーの

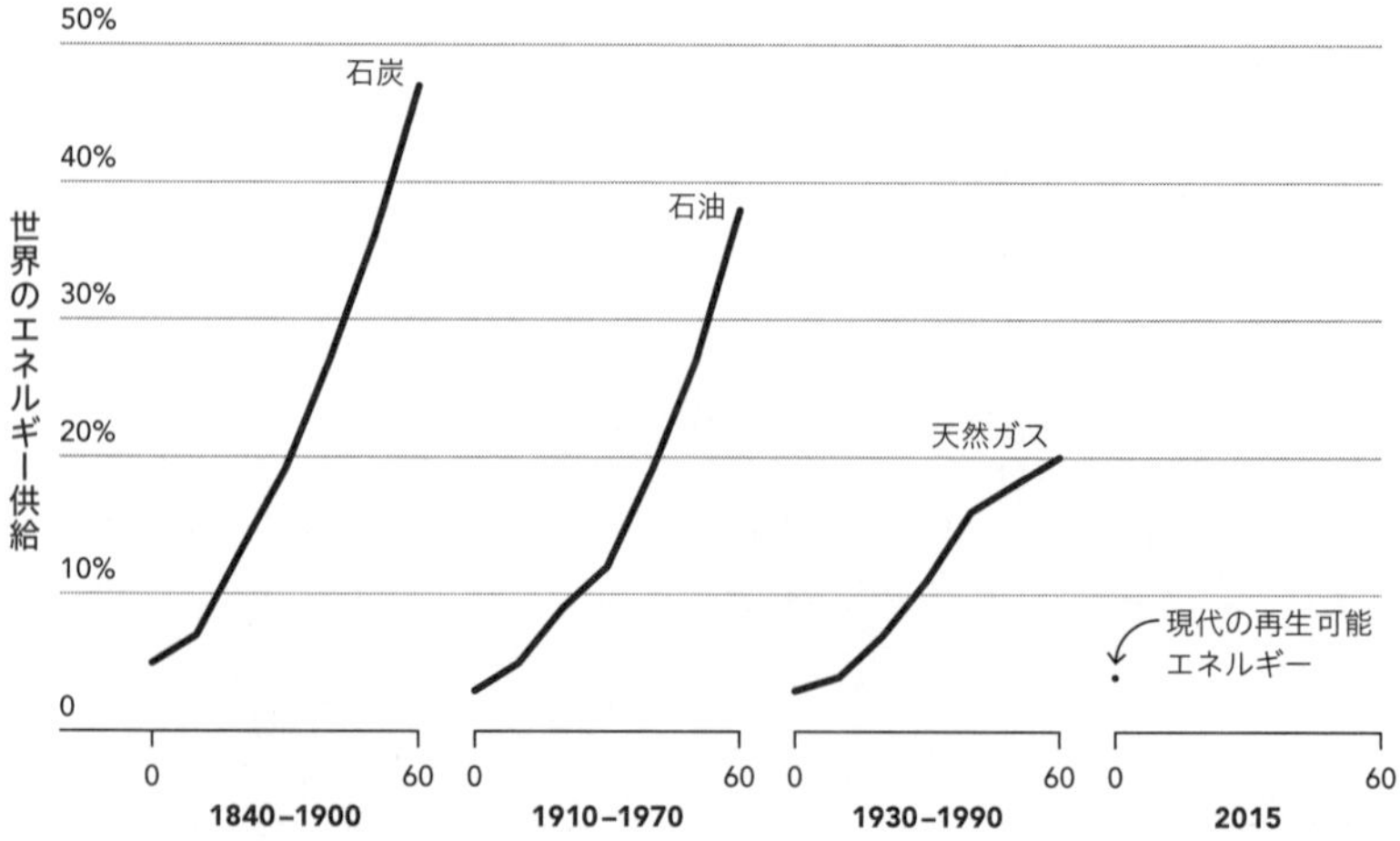

新しいエネルギー源を採用するには長い時間がかかる。石炭は 60 年間で世界のエネルギー供給の 5 パーセントから 50 パーセント近くまで増えた。しかし天然ガスは 60 年間で 20 パーセントまでしか増えていない（出典：Vaclav Smil, *Energy Transitions*）。[8]

不都合な真実』だ。これから書くことは、この本に基づいている）。

人類史の大部分では、おもなエネルギー源は人間の筋肉、鋤《すき》を引いたりする動物、人間が燃やす植物だった。一八九〇年代終わりまで、世界のエネルギー消費に化石燃料が占める割合は半分未満だったのだ。中国で化石燃料が優位になったのは一九六〇年代である。アジアやサハラ以南のアフリカでは、この移行がまだ起こっていないところもある。[6]

また、石油がエネルギー供給のかなりの割合を占めるようになるまでに、どれだけ時間がかかったか考えてもらいたい。[7] 石油が商業生産されるようになったのは一八六〇年代だ。その半世紀後、世界のエネルギー供給に石油が占める割合はわずか一〇パーセント未満だった。それからさらに三〇年を経て、ようやく二五パーセントに達した。

天然ガスも同じような道をたどった。[9] 一九〇〇年には世界のエネルギーに占める割合は一パーセントだったが、七〇年かけてようやく二〇パーセントになる。核分裂（原子力発電）はそれより早く、二七年間でゼロから一〇パーセントに達した。

六四頁のグラフは、さまざまなエネルギー源が導入されてから六〇年間でどれだけ普及したかを示している。一八四〇年から一九〇〇年までのあいだに、石炭が世界のエネルギー供給に占める割合は五パーセントから五〇パーセント近くまで増えた。しかし、一九三〇年から一九九〇年までの六〇年間で、天然ガスは二〇パーセントまでしか増えていない。要するに、エネルギー移行には長い年月がかかるのである。

問題は燃料源だけではない。新しいタイプの乗り物を採用するのにも長い時間がかかる。内燃機関が市場に出たのは一八八〇年代だ。都市部の家庭の半分が自動車をもつまでに、どれだけ時間がかかったのか。アメリカでは三〇～四〇年、ヨーロッパでは七〇～八〇年だ。

それに、いま必要とされているエネルギー移行は、以前には存在しなかった問題によって動かされている。過去にエネルギー源が移行したのは、新しいエネルギー源がより安くて強力だったからだ。たとえば薪を燃やすのをやめて石炭を使うようになったのは、同じ量でも石炭のほうが熱と明かりをはるかにたくさん生むからである。

あるいは、より最近のアメリカの例を見てみよう。アメリカでは発電に天然ガスを使うことが多くなり、石炭の使用が減っている。なぜか。新しい採掘技術によって、天然ガスのほうがずっと安くなったからだ。これは環境の問題ではなく経済の問題である。天然ガスが石炭よりも環境にやさしいかは、二酸化炭素換算の計算法による。処理中に大気に漏れ出る量によっては、天然ガスのほうが石炭より気候変動に悪影響を与えると論じる科学者もいる[10]。

長い目で見れば、再生可能エネルギーの使用量は自然と増えていくだろうが、何もしなければ増加はかなりスローペースになる。第4章で見るように、イノベーションがなければ、ゼロを達成するのにじゅうぶんなペースにはならない。人為的に速やかに移行をすすめる必要があるのだ。そのために、公共政策と技術の面で、これまで直面したことのない複雑な状況に対処することになる。

そもそもエネルギー移行には、なぜそれほど長い時間がかかるのか。それは……**石炭火力発電所はコンピューター・チップとは異なる**からだ。「ムーアの法則」というのをおそらく聞いたことがあるだろう。一九六五年にゴードン・ムーアが示した予言で、マイクロプロセッサの性能は二年ごとに倍になるというものだ。周知のとおり、ゴードンの予言は正しかった。コンピューターとソフトウェアの産業があれだけの急成長を遂げたのは、ムーアの法則によるところが大きい。プロセッサの性能が上がると、よりよいソフトウェアをつくることができるようになり、それによってコンピューターの需要が高まる。そうなると、ハードウェア企業はマシンの性能を引きつづき高めようとして、僕たちも引きつづきよりよいソフトウェアをつくろうとする。こうして好循環がつづいたのだ。

ムーアの法則が働くのは、トランジスタ（コンピューターを動かす小さなスイッチ）をどんどん小さくする新手法を企業が編み出しつづけているからだ。そうすることで、一つひとつのチップにより多くのトランジスタを詰めこむことができるようになる。現在のコンピューター・チップには、一九七〇年につくられたコンピューター・チップのおよそ一〇〇万倍のトランジスタが組みこまれている。つまり一〇〇万倍高性能ということだ。

ムーアの法則を引き合いに出し、エネルギーでも同じような急激な進歩が可能だとする主張を耳にすることがあるだろう。コンピューター・チップがあれだけの急進歩を遂げたのなら、自動車やソーラーパネルでも同じことが可能だろうというわけだ。

残念ながら、それは不可能だ。コンピューター・チップは例外である。性能が向上するのは、ひとつのチップにたくさんのトランジスタを詰めこむ方法を考えることによってだが、同じように自動車を一〇〇万分の一の量のガソリンで走らせるブレークスルーは存在しない。一九〇八年にヘンリー・フォードの生産ラインでつくられた初代〈モデルT〉は、一ガロン（約三・八リットル）でせいぜい三四キロメートルほどしか走らなかった。本書執筆の時点で市販されている最高性能ハイブリッド車は、一ガロンで九三キロメートルほど走る。一〇〇年を超える月日を経ても、燃費の伸びは三倍にも満たない。

ソーラーパネルの性能も一〇〇万倍にはなってはいない。一九七〇年代に結晶シリコン太陽電池が流通しだしたとき、電気に換えられるのは受け取った太陽光の約一五パーセントだった。現在は二五パーセントほどだ。なかなかの進歩だが、ムーアの法則からはほど遠い。

エネルギー産業がコンピューター産業ほど急速に変化できないのは、技術だけの問題ではない。規模の問題でもある。エネルギーは年間およそ五兆ドルの巨大産業であり、地球上で最大級のビジネスだ。それほど大きく複雑なものは、変化に抵抗する。それに、意識的にせよ無意識にせよ、僕たちはエネルギー産業が惰性で動くようにしてきた。

ほかと比べてわかりやすくするために、ソフトウェア・ビジネスの仕組みを考えてみよう。ソフトウェア・ビジネスでは、製品を承認する規制機関は存在しない。不完全なソフトウェアを発売しても、その商品の実質的なプラス面がマイナス面よりも大きければ、顧客は熱心にそれを受け入れ、改善すべき点についてフィードバックをくれることもある。それに、ほぼすべてのコストは先行投資だ。製品を開発したら、そのあとの量産にかかるコストはゼロに近い。

これを薬やワクチンの業界と比べてみよう。新薬を市場に出すのは、新しいソフトウェアを発売するよりはるかにむずかしい。欠陥品のアプリよりも健康を害する薬のほうがずっとたちが悪いので、これは当然だ。新薬が患者のもとに届くまでには、何年もの月日をかけて基礎研究、医薬品開発、治験のための規制当局の承認、その他さまざまな段階を経なければならない。ただし、一度有効な薬ができれば、とても安く量産できる。

さて、このふたつの産業をエネルギー産業と比べてみよう。まず、巨額の資本コストがかかり、それはなくならない。一〇億ドルかけて石炭火力発電所をつくったとすると、次につくる発電所がそれより安くなることはない。それに投資家は、その発電所が三〇年以上稼働することを見こんで資金を投じる。一〇年後にもっとすぐれた技術が登場しても、大きな金銭的見返りや政府の規制など、よほどの理由がないかぎり古い発電所を閉鎖して新しいものを建てたりはしない。

社会もエネルギー・ビジネスのリスクをできるだけ小さくしようとする。これは無理もないことだろう。僕たちには安定した電力が必要だ。スイッチを入れると必ず明かりがつかなければ困る。それに大きな事故も心配だ。実際、アメリカでは安全上の懸念から原子力発電所の新設はほぼ不可能になっている。スリーマイル島（一九七九年）とチェルノブイリ（一九八六年）の事故以来、アメリカでは原子力発電所はふたつしか着工されていない。すべての原発事故による死者を合わせた数よりも多くの人が、石炭による汚染で毎年死んでいるにもかかわらずだ。

殺されるとわかっていながらも、なじみのものにしがみつくのは、大きくもっともなインセンティブがあるからだ。必要なのは、さまざまなインセンティブを変え、望ましいもの（信頼性、安全）を備えて望ましくないもの（化石燃料への依存）を排除したエネルギー・システムをつくれるようにすることである。しかし、それは簡単ではない。なぜなら……

法律や規制がとても時代遅れだからだ。「政府の政策」というフレーズは、わくわくする類のことばではない。しかし、税金のルールから環境規制まで、政策は人や企業の行動に非常に大きな影響を与える。これを正しく整えなければゼロを達成することはできないが、正しく整えるまでの道のりは遠い（ここで述べているのはアメリカのことだが、ほかの多くの国でも同じだ）。現行の環境法や環境規制の多くが気候変動を念頭に置いてつくられていないことも問題である。ほかの問題を解消するためにつくられた法律や規制を使って、排出削減に取り組もうとしているわけだ。まるで一九六〇年代の汎用大型コンピューターを使って人工知能をつくろうとしているようなものだ。

たとえば、アメリカで最も知られている大気環境関連の法律、大気浄化法は、温室効果ガスにほとんど言及していない。一九七〇年に制定されたときには、気温上昇ではなく局所的な大気汚染による健康リスクを減らすことを目的としていたのだから当然だろう。

ほかにも、企業別平均燃費基準（ＣＡＦＥ）として知られる燃費基準を見てみよう。これは一九七〇年代に石油価格が高騰し、アメリカで燃費のいい自動車が求められていたためにできた基準である。燃費がよくなるのはすばらしいが、いま必要なのは電気自動車を走らせることであり、ＣＡＦＥはその役には立たない。それを目的につくられた基準ではないからだ。

時代遅れの政策だけが問題ではない。気候変動へのアプローチは、選挙の周期に合わせて繰り返し変わっている。四〜八年ごとに、新政権が自分たちのエネルギー優先事項を携えてワシントンにやってくるのだ。エネルギーの優先事項が変わること自体は悪くない。新政権が誕生するたびに、政府全体の優先事項は変化する。しかし政府の補助金に頼る研究者や、税制上の優遇措置をあてにする企業家は大きな打撃をこうむる。数年ごとにプロジェクトを中止して別のことを一からはじめなければならない状況では、真の進歩は望めない。

選挙の周期は、民間市場でも不安を生む。政府はさまざまな優遇税制措置を提供して、多くの企業がクリーン・エネルギーのブレークスルーに取り組むよう促している。しかし、それには限定的な効果しかない。エネルギー分野での技術革新はきわめて困難であり、成果が出るまでに数十年の時間がかかることもあるからだ。何かのアイデアに長年取り組んだすえに、あてにしていた優遇措置が新政権によって廃止されてしまうこともある。

要するに、現在のエネルギー政策は将来の排出削減にあまり効果がない。現行の連邦政府と州の政策をすべて実行した結果、二〇三〇年までに排出がどれだけ減るか計算してみると、その効果がわかる。合計およそ三億トン、二〇三〇年におけるアメリカの予想排出量の約五パーセントだ(11)。ばかにできない数字ではあるが、実質ゼロに近づくのにじゅうぶんな量とはいえない。

排出削減に大きな効果を及ぼす政策がありえないわけではない。ＣＡＦＥや大気浄化法は目的どおりの役目を果たした。自動車の燃費は向上し、空気はきれいになったのだ。それに、炭素排出関連でも効果的な政策がすでにいくつか実施されているが、互いに結びついていないために、気候変動の問題に大きな影響を与えることはないだろう。

効果的な政策をつくることは可能だと僕は思っている。とはいえ簡単な仕事ではない。ひとつには、新たに主要な法律をつくるよりも、既存の法律に沿って考えるほうがはるかに楽だからだ。

新政策をつくり、国民の声を聞いて、法律上の問題があれば法廷で審理し、最終的に実施にこぎ着けるまでには、長い時間がかかる。それにいうまでもなく……

気候変動について、それほど強い合意《コンセンサス》があるわけではないのも問題だ。人間の活動によって気候が変化しているという見解に合意している九七パーセントの科学者のことをいっているのではない。たしかに、科学に納得していない少数ながらも声高な人びとがいて、そのなかには政治的に大きな力をもつ者もいる。しかし、気候変動の事実を受け入れている人でも、それに対処するブレークスルーに多額の資金を投じるべきだという考えに必ずしも賛成するわけではない。

たとえばこう論じる人もいる。〝気候変動が起こっているのは事実だが、それを食い止めようとしたり、それに適応しようとしたりするのに多くの費用をかける値打ちはない。健康や教育のような、人類の幸福にもっと大きな影響を与える問題を優先させるべきだ〟

僕の回答はこうだ。ゼロに向けて至急動かなければ、ほとんどの人が生きているあいだに悪いことが（おそらくたくさん）起こり、一世代のあいだにとても悪いことが起こる。気候変動は人類の存在を脅かすものではないかもしれないが、それによってほとんどの人の暮らしは悪化し、最も貧しい人びとはさらに貧しくなる。大気中の温室効果ガスを増やすのをやめなければ状況は悪化する一方であり、これは健康や教育と同じぐらい優先されてしかるべき問題なのだ。

ほかにもこんな主張をよく耳にする。〝気候変動は実際に起こっていて、その影響は深刻だが、それを食い止めるものはすべて揃っている。太陽光発電、風力発電、水力発電、ほかにいくつか手段があれば、それでじゅうぶんだ。こういうものを活用する意志さえあればいい〟

第4章から第8章で説明するように、僕にはこの考えは受け入れられない。たしかに必要なものの一部はすでにあるが、すべてが揃っているとはとてもいえないからだ。

気候変動をめぐる合意形成には、ほかにも大きな問題がある。周知のように、地球規模の協力はむずかしい。対象が何であれ、すべての国を同意させるのは困難だ。炭素排出を抑えるための支出など、新たなコストが生じる際にはなおのことである。ほかの国もすべて取り組むのでなければ、費用をかけて排出規制に取り組みたがる国はない。だからこそ、ようやく排出削減に取り組むべく一九〇を超える国がパリ協定に参加したのは、大きな成果だった。現在課せられている義務によって排出量が大幅に減るからではない。すべての国がノルマを達成しても、二〇三〇年までに年間三〇億～六〇億トン、現在の総排出量の一二パーセントにも満たない削減にしかならない。しかし、地球規模の協力が可能であることを証明する出発点として大きな意味があったのだ。アメリカが二〇一五年のパリ協定から離脱したことからも（大統領に当選したジョー・バイデンはこれを撤回すると約束している）、地球規模の協定をつくって維持するのがいかに困難かわかる。

まとめよう。僕たちは、これまでにしたことのないとてつもないことを、かつてなく迅速に成し遂げなければならない。そのためには、科学と工学において数多くのブレークスルーが必要だ。

まだ存在しない合意を形成し、移行をあと押しする公共政策をつくる必要もある。政策がなければエネルギー移行は起こらない。望まないことをすべて止め、望むことをすべて可能にするエネルギー・システムが必要だ。つまり、完全に変化しながら、同時にこれまでと同じでいられるようにしなければならないのである。

絶望しないでほしい。これは実現できる。実現の方法についてはさまざまなアイデアがすでに存在し、なかには有望なものもある。次章では、有望なアイデアをどう見分けるかを説明したい。

第3章　気候について論じるときの五つの問い

気候変動のことを学びはじめたとき、理解するのがむずかしい事実に何度も出くわした。ひとつには数があまりにも大きすぎて、イメージがなかなか描けないのだ。五一〇億トンのガスがどんなものか、わかる人がいるだろうか。

ほかにも問題があった。僕が目にするデータは、背景となる情報が示されていないことが多かったのだ。ある論文によると、ヨーロッパでの排出権取引によって、航空セクターのカーボン・フットプリントが年間一七〇〇万トン減ったという。一七〇〇万トンはたしかに大量のようにも思えるが、ほんとうにそうだろうか。それは全体の何パーセントなのか。その論文では触れられておらず、そうした情報不足は驚くほど広く見られる。

やがて僕は、学んでいることを理解するための思考の枠組みをつくった。そうすることで、ある数字が大きいのか小さいのか、何かの費用がどれだけ高いのかをイメージできるようになったのだ。そのおかげで最も有望なアイデアを見分けられるようになった。この方法は、どんなテーマを調べるときにもたいてい役立つ。まず全体像を把握するよう努めるのだ。そうすれば、新しい情報を理解するための背景となる情報が得られる。それに情報が記憶にも残りやすい。

僕が考え出した五つの問いからなる枠組みは、いまでも役に立っている。投資を求めるエネルギー企業のプレゼンテーションを聞いているときでも、裏庭でバーベキューをしながら友人と話しているときでも同じだ。あなたも近いうちに気候変動への対策を提案する社説を読むかもしれないし、政治家が気候変動について自説を売りこむのを耳にするにちがいない。気候変動は複雑で混乱を招きかねない話題だ。この枠組みを念頭に置いておけば、複雑な状況を整理するのに役立つ。

1　五一〇億トンのうちのどれだけなのか

温室効果ガスの量を挙げている何かを読むと、僕はいつもちょっとした計算をする。それが年間総排出量五一〇億トンの何パーセントにあたるかをはじき出すのだ。たとえば「〜トンは道路を走る自動車を一台減らすのと同じだ」というようなほかの比較よりも、このほうが有意義だと僕は考えている。そもそも何台の自動車が道路を走っているのかわからないし、気候変動に対処するのに自動車を何台減らせばいいのかもわからないからだ。

僕は、年間五一〇億トンをゼロにするという第一の目標と結びつけてすべてを考えるようにしている。たとえば、章の冒頭で触れた航空セクターの例を考えてみよう。この取り組みは年間一七〇〇万トンの削減につながった。それを五一〇億トンで割るとパーセンテージが出る。地球上の年間排出量の約〇・〇三パーセントの削減だ。

これは意味ある削減量なのか。意味があるかどうかは、次の問いへの答えによる。この数字は増える見こみなのか、あるいは変わらないのか。はじめは一七〇〇万トンしか減らせなくても、やがてははるかに多くの排出削減につながる可能性のある取り組みであれば、それでいい。ずっと一七〇〇万トンのままなら話は別だ。残念ながら答えははっきりしないことも多い（航空セクターの取り組みについて読んだとき、僕にはその答えはわからなかった）。しかし、この問いを投げかけるのは大切だ。

ブレークスルー・エナジーが資金提供するのは、成功して完全に実行に移すことができたときに、最低でも年間五億トンを削減できる技術だけである。これは世界の排出量のおよそ一パーセントに相当する。将来的に一パーセントを超える見こみがない技術には、ゼロ達成のための限られた資源を割くべきではない。そうした技術を追求すべきもっともな理由がほかにあるのかもしれないが、排出を大幅に減らせるから、というのはその理由ではない。

ところで、温室効果ガスの量をギガトンで示すのを目にしたことがあるかもしれない。ギガトンとは一〇億トン（科学的記数法では10^9トン）のことだ。一ギガトンのガスといわれて直観的に理解できる人はほとんどいないだろうし、中身は同じでも、五一ギガトンを除去するほうが五一

○億トンを除去するよりもどこか簡単そうに聞こえるので、僕は億トンを使うことにする。
［助言］温室効果ガスのトン数を目にしたら、現在の年間排出量（二酸化炭素換算）五一〇億の何パーセントになるのか計算しよう。

2　セメントはどうするつもりか

気候変動に対処する包括的計画について語るときには、温室効果ガスを排出する人間の活動をすべて考慮に入れる必要がある。電気や自動車などが注目されがちだが、それらは出発点にすぎない。輸送手段からの排出のうち乗用車が占めるのは半分未満であり、世界の全排出量のうち輸送手段が占めるのは一六パーセントにすぎない。

一方で鋼鉄とセメントの製造は、それだけで全排出量の約一〇パーセントを占める。つまり「セメントはどうするつもりか」という問いは、気候変動についての包括的計画を考えるのなら、電気と自動車のほかにも多くのことを考えなければならないというリマインダーだ。

八〇頁の表に、温室効果ガスを発生させる人間の全活動の内訳を示した。みんながこれとまったく同じカテゴリーを使っているわけではないが、僕はこれが最も役に立つと思っていて、ブレークスルー・エナジーのチームも同じものを使っている。*

ゼロを達成するというのは、これらすべてのカテゴリーをゼロにするということだ。

発電が全排出量に占める割合がわずか四分の一ほどなのは意外かもしれない。僕もそれを知ったときは驚いた。目にしていた気候変動関係の論文はほとんどが発電に焦点を合わせていたので、それがいちばんの原因だと思いこんでいたのだ。

いい知らせがある。電気は問題のわずか二七パーセントにすぎないが、解決策のなかでは二七パーセントを超える割合を占められる。クリーンな電気があれば、炭化水素を燃料として燃やす（結果として二酸化炭素を排出する）必要がなくなるからだ。電気自動車や電動バス、家庭や職場の電気冷暖房、製造の際に天然ガスの代わりに電気を使うエネルギー集約型の工場などを考えてもらいたい。クリーンな電気は、それだけでゼロを達成できるわけではないが、ゼロに向かう重要な一歩になる。

［助言］温室効果ガスは五つの異なる活動から排出されていて、そのすべてに解決策が必要である。これを心に留めておくこと。

＊これらのパーセンテージは、世界の温室効果ガス排出に占める割合を示している。さまざまな出所からの排出を分類するには、製造時と使用時の両方に温室効果ガスを出す製品をどうカウントするか決めなければならない。たとえば、温室効果ガスは石油を精製してガソリンにする際に発生し、さらにそのガソリンを燃やすときにも発生する。本書では、ものをつくる際の排出分はすべて「ものをつくる」に含め、それを使うときの排出分はすべてそれぞれのカテゴリーに含めた。したがって、石油精製は「ものをつくる」に含め、ガソリンの燃焼は「移動する」に含めている。自動車、飛行機、船なども同じだ。材料となる鋼鉄は「ものをつくる」に算入し、燃やされる燃料からの排出は「移動する」に算入している。

人間の活動によって排出される温室効果ガスの量

ものをつくる（セメント、鋼鉄、プラスティック）	**31%**
電気を使う（電気）	**27%**
ものを育てる（植物、動物）	**19%**
移動する（飛行機、トラック、貨物船）	**16%**
冷やしたり暖めたりする（暖房、冷房、冷蔵）	**7%**

3　どれだけの電力なのか

この問いが生じるのは、たいてい電気についての論文を読むときだ。どこかの新しい発電所には五〇〇メガワットの発電容量がある、といった情報を目にすることがあるかもしれない。これは多いのか。そもそもメガワットとは何なのか。

メガワットは一〇〇万ワットで、一ワットは一秒あたり一ジュールである。ここでは、ジュールが何であるかは重要ではない。エネルギーの量だと知っておくだけでいい。ワットは一秒あたりのエネルギー量とだけ憶えておいてもらいたい。こんなふうに考えるといい。キッチンの蛇口から出る水の量を測るには、一秒あたり何カップという単位を用いることができる。電力を測るのもこれと似ている。水の流れの代わりにエネルギーの流れを測るわけだ。「一秒あたり何カップ」の代わりがワットである。

一ワットはかなり少ない。小さな白熱電球ひとつでも四〇ワットほどの電力を使う。ヘアドライヤーは一五〇〇ワットだ。発電所は数億ワットを発電することもある。世界最大の発電所である中国の三峡ダムは、二二〇億ワットを発電できる（すでに触れたように、ワットの

どれだけの電力が必要か[(1)]

世界	**5,000 ギガワット**
アメリカ	**1,000 ギガワット**
中規模都市	**1 ギガワット**
小さな町	**1 メガワット**
平均的なアメリカの家庭	**1 キロワット**

定義には「一秒あたり」がすでに含まれているので、毎秒何ワット、一時間あたり何ワットといった言い方はしない。「ワット」だけだ）。

この数字はたちまち大きくなるので、数字を簡潔に記す単位を使うと便利である。キロワットは一〇〇〇ワット、メガワットは一〇〇万ワット、ギガワット（〝ギ〟を強く発音する）は一〇億ワットだ。ニュースでもこうした単位が頻繁に使われるので、僕もそれを使うことにしたい。

上の表は、数字をわかりやすくするために僕が活用しているおおまかな比較だ。

当然これらのカテゴリーのなかでも、一日あるいは一年を通して変動がある。一部の家庭は、ほかよりたくさん電気を使う。ニューヨーク市では、季節によって消費電力が一二ギガワットまで上がる。ニューヨーク市よりも人口が多い東京では平均二三ギガワットほどが必要とされ、夏のピーク時には五〇ギガワットを超える電力が求められることもある。

たとえば、一ギガワットを必要とする中規模都市に電力を供給したいとする。一ギガワットの発電所をひとつつくれば、その街で必要な電気をすべて確実に供給できるのか。必ずしもそうはならない。発電の手段によって答えは変わってくる。ほかよりも断続的にしか発電できない手段もあるからだ。原子力発電所は、メンテナンスと燃料補給のときに停止するほかは一日二四時間稼働する。しかし、風はいつも吹いているわけではなく、太陽もつねに照っているわけではないので、風力や太陽光の発電所の実際の発電量は三〇パーセント以下になることがある。平均すると、発電できるのは必要とされる一ギガワットの三〇パーセントだ。したがって、安定して一ギガワットを確保するには、ほかの電力源で不足分を補う必要がある。

［助言］「キロワット」を耳にしたときは「家」を、「ギガワット」を耳にしたときは「街」を、一〇〇ギガワット以上を耳にしたときは「大きな国」を思い浮かべよう。

4　どれだけの空間が必要か

電力源によっては、ほかより大きな空間が必要になる。これが問題なのは、利用できる土地や水が限られているという当然の理由からだ。もちろん考慮すべき問題はほかにもたくさんあるが、空間の問題は重要であり、もっと議論されてしかるべきである。

これに関係する数字が電力密度だ。一定の広さの土地（海に風力タービンを設置するのなら海域）で、さまざまな発電手段からどれだけの電力を得られるかを表す数字であり、一平方メートルあたりのワット数で示される。表に例をいくつか挙げておこう。

１平方メートルあたりの発電容量

エネルギー源	１平方メートルあたりのワット数
化石燃料	**500–10,000**
原子力	**500–1,000**
太陽光*	**5–20**
水力（ダム）	**5–50**
風力	**1–2**
木質などのバイオマス	**１未満**

*太陽光の電力密度は、理論上は１平方メートルあたり 100 ワットに達することも可能といわれるが、まだだれも実現していない。

太陽光は風力よりも電力密度がかなり高いことがわかる。太陽光ではなく風力を使いたければ、ほかの条件がすべて同じ場合、はるかに広い土地が必要になる。風力が悪く太陽光がいいという話ではない。それぞれ条件が異なり、それも考慮に入れて議論すべきということだ。

［助言］世界で必要とされるすべてのエネルギーをなんらかの発電手段（風力、太陽光、原子力、そのほか何でも）でまかなえるという人がいたら、それだけのエネルギーを生み出すのにどれだけの空間が必要になるか計算してみよう。

5　費用はいくらかかるのか

世界が大量の温室効果ガスを排出しているのは、利用可能なエネルギー技術のなかで現在のものが（長期的な被害を無視すれば）概して最も安いからだ。したがって、炭素を排出する〝汚い〟技術から排出ゼロの技術に巨大なエネルギー経済を移行させるには、ある程度のコストがかかる。

では、いくらかかるのか。費用の差を直接計算できる場合もある。実質的に同じものの〝汚い〟エネルギー源とクリーンなエネルギー源があれば、単純にその価格を比べればいい。炭素ゼロのソリューションのほとんどは、それに対応する化石燃料の手段より高くつく。ひとつには、化石燃料の価格には環境破壊のコストが反映されていないため、ほかの手段よりも安く感じられるからだ（炭素の排出に価格をつけるカーボン・プライシングの課題については、第10章で論じる）。追加でかかるこのような費用を、僕は〝グリーン・プレミアム〟と呼んでいる。*

気候変動について話し合うとき、僕はいつもグリーン・プレミアムを念頭に置いている。この考えには以降の章で何度も立ち戻るので、それが何を意味するのか、ここで少し説明しておきたい。

グリーン・プレミアムはひとつではない。たくさんある。電気のものもあれば、さまざまな燃料のものもあり、セメントのものもある、といった具合だ。グリーン・プレミアムの大きさは、何を何に切り替えるのかによる。たとえば、炭素ゼロのジェット燃料のコストは、太陽光発電の電気のコストと同じではない。グリーン・プレミアムの仕組みについて、実際の例を挙げて説明しよう。

過去数年間のアメリカにおけるジェット燃料の平均小売価格は、一ガロンあたり二・二二ドルである。ジェット機用の次世代バイオ燃料は、現在手にはいるものでは平均で一ガロンあたり五

・三五ドルだ。この場合、炭素ゼロ燃料のグリーン・プレミアムは、このふたつの価格の差、つまり三・一三ドルになる。一四〇パーセントを超える割り増し《プレミアム》だ（こうしたことについては、第7章でさらに詳しく説明する）。

めったにないことではあるが、グリーン・プレミアムがマイナスになることもある。つまり、グリーンな選択肢を選ぶことで、化石燃料を使いつづけるよりもコストが下がることもあるのだ。たとえば、住んでいる場所によっては、天然ガスの暖炉やエアコンを電動のヒートポンプに替えたほうが安くつくかもしれない。ヒートポンプに替えれば、冷暖房の費用をオークランドでは一四パーセント、ヒューストンでは一七パーセント抑えることができる。

グリーン・プレミアムがマイナスになる技術なら、すでに世界中で採用されているはずだと思うかもしれない。一般的にはそのとおりなのだが、通常、新技術が登場してからそれが普及するまでには時間がかかる。家庭の暖炉のように、頻繁に取り替えるものでなければなおのことだ。

炭素ゼロの主要な選択肢すべてのグリーン・プレミアムを算出することで、トレードオフについて実のある議論がはじめられる。環境に配慮するために、どれだけの費用を負担する意思があるのか。ジェット燃料の倍の代金を払って、次世代バイオ燃料を買う気はあるだろうか。環境に

＊グリーン・プレミアムについては、ロジウム・グループやエヴォルヴド・エナジー・リサーチの専門家、気候学研究者のケン・カルデイラ博士ら多くの人から助言を受けた。本書でのグリーン・プレミアムの計算法については、breakthroughenergy.org を参照のこと。

やさしいセメントを買うために、通常の商品の倍のお金を払う気が僕たちにはあるのか。

なお、「払う気が僕たちにはあるのか」と問うとき、「僕たち」は地球全体のことを指している。そういう商品を買う余裕があるアメリカやヨーロッパの人たちだけの問題ではないのだ。グリーン・プレミアムが高く、アメリカはすすんで払おうとし、実際に払うことができても、インド、中国、ナイジェリア、メキシコは払う気にならず、払うこともできないという状況も考えられる。だれもが脱炭素を実現できるぐらい、プレミアムを低く抑えることが必要だ。

たしかにグリーン・プレミアムは、はっきり固定された目標ではない。その計算は多くの仮説に基づいている。本書では僕が妥当だと考える仮説を用いているが、事情に通じたさまざまな人たちがさまざまな想定に基づいて異なる数字を出している。具体的な値段よりも重要なのは、あるグリーン技術がそれに対応する化石燃料の選択肢と同じぐらい安いか否かを判断することであり、安くない場合には、イノベーションによっていかに値段を下げられるかを考えることだ。

本書で示すグリーン・プレミアムが、ゼロ達成のコストについての長期的な議論の出発点になればと願っている。ほかの人たちにもプレミアムの計算をしてもらいたいし、その結果、僕が思っているほど高くないものがあればうれしい。本書で僕が計算したグリーン・プレミアムは、コスト比較のツールとして不完全だが、何もないよりましだろう。

とりわけ伝えたいのは、グリーン・プレミアムは意思決定の際のすぐれたレンズになるということだ。時間、熱意、資金を最も有効に活用するのに役立つのである。さまざまなプレミアムを検討することで、いま展開すべき炭素ゼロのソリューションが何であり、クリーンな代替物のコストが高くてブレークスルーが求められる分野がどこなのかがわかる。グリーン・プレミアムは、次のような問いに答えるのに役立つ。

どの炭素ゼロの選択肢をいま展開すべきか。

答え：グリーン・プレミアムが低いかまったくないもの。こうしたソリューションがすでにあるのに用いられていないのなら、障壁はコストではないということだ。時代遅れの公共政策や認識不足など、ほかの理由によって普及が阻まれているのである。

研究開発資金、初期投資家、優秀な発明家をどこに集中させる必要があるのか。

答え：グリーン・プレミアムが高すぎると判断したところ。その領域こそが、環境にやさしい選択肢に余計なコストがかかって脱炭素を推進できていないところであり、それを手頃な価格で提供できるようにする新しい技術、企業、製品がはいりこむ余地があるところだからだ。研究開発にすぐれた国は、新製品をつくりだし、それを手頃な価格にして、現在のプレミアムを払えない場所に輸出すればいい。そうすれば、気候大災害を避けるために各国がそれぞれやるべきことをしているか否かで言い争う必要がなくなる。その代わりに、世界がゼロを達成するのに役立つ手頃な価格のイノベーションを国と企業が競ってつくり、売りこむことになる。

グリーン・プレミアムの考えには、もうひとつ利点がある。気候変動を食い止めようとする行動の進捗度を測る手段にもなるのだ。

その意味でグリーン・プレミアムは、メリンダと僕が国際保健の課題に取り組みはじめたときに直面した問題を思いださせてくれる。専門家は世界で毎年何人の子どもが亡くなっているかは教えてくれたが、その死因についてはあまり把握していなかった。一定数の子どもが下痢で死亡しているのはわかっていたが、下痢のそもそもの原因はわからない。子どもたちが死んでいる理由がわからなければ、命を救うイノベーションをいったいどうやって見つけられるのか。

そこで僕たちは世界中のパートナーと協力し、子どもの死因を調べるさまざまな研究に資金を提供した。そうしてようやく詳しい死因を突きとめることができ、このデータが大きなブレークスルーへ向かう道を指し示してくれた。たとえば、毎年、多くの子どもが肺炎で亡くなっていることがわかった。肺炎のワクチンはすでに存在したが、あまりにも高価なので貧しい国は購入していなかった(肺炎によって多くの子どもが死亡していることを知らなかったのだから、購入する動機もあまりなかった)。しかしデータを見せ、ドナーがほとんどの費用負担を引き受けると、それらの国も保健プログラムにワクチンを加えるようになった。やがて僕たちの資金援助によってはるかに安いワクチンができ、現在それが世界中で使われている。

グリーン・プレミアムの考えを活用すれば、温室効果ガスについてこれと同じようなことができる。プレミアムは、排出量の数字そのものとは異なる視点を与えてくれるのだ。排出量の数字は、現状がゼロからどれだけ離れているかを示してはくれるが、排出ゼロを達成するのがどれほどむずかしいかは教えてくれない。いまある炭素ゼロの道具を使うのにコストはどれだけかかるのか。どのイノベーションが排出削減に最も効果を発揮するのか。グリーン・プレミアムはこうした問いに答え、ゼロを達成するコストを部門ごとに示して、どこでイノベーションが必要かをはっきり教えてくれる。肺炎のワクチンの例で、データのおかげでどこに力を入れるべきかがわかったのと同じだ。

先に示したジェット燃料の例のように、グリーン・プレミアムを単純に計算できるケースもある。しかし、さらに広い範囲にこれを適用しようとすると問題が生じる。すべてのケースでグリーンな代替物がじかに存在するわけではないからだ。たとえば、炭素ゼロのセメントは（少なくとも現時点では）存在しない。このような場合、グリーンな選択肢のコストはどう見積もればいいのか。

それを見積もるには、思考実験をすればいい。「大気から炭素を直接吸引するには、どれだけコストがかかるか」を考えるのだ。この技術には、直接空気回収（ＤＡＣ）という名前がついている（簡単にいうと、ＤＡＣでは二酸化炭素を吸収する装置に空気を通し、回収した二酸化炭素を安全な場所に保管する）。ＤＡＣは費用がかさみ、効果がまだあまり証明されていない技術だが、仮にこれが大きな規模で機能すれば、いつどこで排出された二酸化炭素でも回収できる。スイスで現在稼働中のＤＡＣ施設では、一〇年前にテキサスの石炭火力発電所から排出されたと思われるガスを回収している。

この方法のコストを計算するには、ふたつのデータがあればいい。世界の炭素排出量と、ＤＡＣを使用した炭素吸収の費用である。

炭素排出量はすでにわかっている。年間五一〇億トンだ。空気から炭素を除去する費用は確実にはまだわからないが、一トンあたり最低でも二〇〇ドルはかかる。イノベーションによって一トンあたり一〇〇ドルまで下げるのは現実的に可能だと思われるので、ここではその数字を使うことにする。

そこから、次のような式が成立する。

（年間五一〇億トン）×（一トンあたり一〇〇ドル）＝（年間五・一兆ドル）

つまり、ＤＡＣを使って気候変動の問題を解決するには、最低でも年間五・一兆ドルの費用がかかる。排出がつづくかぎり毎年だ。これは世界経済のおよそ六パーセントに相当する（たしかに巨額ではあるが、この仮説上のＤＡＣ技術は、ＣＯＶＩＤ‐19パンデミックのあいだのように経済の一部を停止して排出を削減するよりはるかに安くつく。ロジウム・グループのデータによると、ＣＯＶＩＤ‐19の場合、アメリカでは一トンあたり二六〇〇〜三三〇〇ドルの負担が経済にかかった。(2)ＥＵでは一トンあたり四〇〇〇ドルを超える。つまり、いずれ実現できると思われる一トンあたり一〇〇ドルの二五〜四〇倍のコストだ）。

先に述べたように、ＤＡＣを使った方法は単なる思考実験である。現実には、ＤＡＣの技術はまだ世界規模で展開できるものではなく、仮に展開できたとしても、世界の炭素の問題を解決するにはきわめて効率の悪い方法だ。何千億トンもの炭素を安全に保管できるのかもわからない。毎年五・一兆ドルを集める現実的な方法もなく、世界の人びとに相応の負担をさせる確実な手段も存在しない（相応の負担を決めること自体も大きな政治闘争になる）。現在の排出分を処理するだけでも、世界中に五万を超えるＤＡＣ施設をつくらなければならない。また、ＤＡＣが回収できるのは二酸化炭素だけであり、メタンやその他の温室効果ガスは回収できない。それに、おそらくこれは最も費用のかかる対応策だ。多くの場合、そもそも温室効果ガスを排出しないようにするほうが安くつく。

いずれＤＡＣが地球規模で利用できるようになるとしても、環境への深刻な被害を防げるほど素早く開発して展開させるのはほぼ確実に不可能だ。技術のこととなると楽観的な僕でさえも、そう考えざるをえない。残念ながら、ＤＡＣのような未来の技術が人類を救ってくれるのをただ待っているわけにはいかない。自分たちを救うために、いますぐ動きださなければならない。

［助言］グリーン・プレミアムを念頭に置き、中所得国が払える安さになっているか考えよう。

五つの助言をすべてまとめておこう。

1　排出量のトン数は、五一〇億の何パーセントにあたるのか計算しよう。

2　温室効果ガスを排出する五つの活動すべてに解決策が必要だと心に留めておこう。ものをつくる、電気を使う、ものを育てる、移動する、冷やしたり暖めたりする、この五つだ。

3　キロワット＝家。ギガワット＝中規模都市。数百ギガワット＝大きく豊かな国。

4　どれだけの空間が必要になるか考えよう。

5　グリーン・プレミアムを念頭に置き、中所得国が払える安さになっているか考えよう。

第４章　電気を使う

年間五一〇億トンの二七パーセント

僕たちは電気が大好きだが、たいていの人は電気のことをよく知らない。電気はつねに身のまわりにあって、街灯、エアコン、パソコン、テレビがいつでも使える。たいていの人は考えてみることもない、ありとあらゆる工業プロセスを動かしているのも電気だ。しかし、人生でときにそういう経験をするように、なくなってはじめてその大切さに気づく。アメリカではめったに停電しないので、一〇年前に一度あった停電でエレベーターに閉じこめられたことを憶えている人がいたりする。

人がどれだけ電気に頼っているか、僕自身もつねに意識していたわけではないが、長年のあいだに電気がいかに欠かせないものなのか少しずつわかってきた。そして、この奇跡を支えているものに心から感謝している。それどころか、電気をこれだけ安く、手軽に、安定して供給しているすべての物的なインフラに畏敬の念を抱いているとさえいってもいい。豊かな国であればほぼ

2015年にアイスランドのスリーヌカギガル火山を家族で訪れたあと、ロリーと僕はすぐそばにあった地熱発電所を見学した。(1)

どこでも、スイッチを入れるだけでわずか一セントの数分の一の費用で明かりがつく。ただただ魔法のようだ。実際、アメリカでは四〇ワットの電球を一時間つけっぱなしにしておいても、電気代は〇・五セントほどしかかからない。

電気についてこんなふうに感じているのは、わが家では僕だけではない。息子のロリーと僕は昔、発電所によく遊びにいった。ただその仕組みを知りたかったのだ。

それだけ多くの時間をかけて電気のことを学んでよかったと思っている。ひとつには、父と息子がともに取り組むのにうってつけの活動だったからだ（真面目な話だ）。そのうえ、温室効果ガスを排出することなく、安くて安定した電気の恩恵をすべて得る方法を見つけだすことが、気候変動を回避するには何より重要だ。ひとつには発電が気候変動の大きな原因だからだが、それに加えて、もし炭素ゼロの電気ができれば、その電気を使って移動や製造などその他のさまざまな活動を脱炭素化できるからだ。石炭、天然ガス、石油の使用をやめることで手放すエネルギーは、どこかほかから獲得する必要があり、クリーンな電気がその供給源になる可能性が最も高い。だからこそ僕は、製造のほうが排出量が多いにもかかわらず、電気を先に取り上げることにしたのだ。

それに、さらに多くの人が電気の供給を受け、電気を利用できるようにならなければいけない。サハラ以南のアフリカでは、自宅で確実に電力を利用できるのは人口の半分未満だ。* 電気をまったく利用できなければ、携帯電話を充電するといった単純と思われる作業でさえも困難で費用がかさむ。店まで歩いていき、二五セント以上払って携帯電話をコンセントにつなぐ。これは先進国の人たちが払っている数百倍の値段だ。

たいていの人は、送電網や変圧器のことで僕ほど興奮したりはしないだろう（よほどのオタクでなければ「物的なインフラに畏敬の念を抱いている」などと書いたりしないことは、僕にもわ

＊ここでは〝電力〟ということばをゆるく用いている。厳密には〝電力〟は電流の効率のことであり、ワットで表す。本書では読みやすさを優先して、このことばを〝電気〟の同義語として、より一般的な意味で使う。

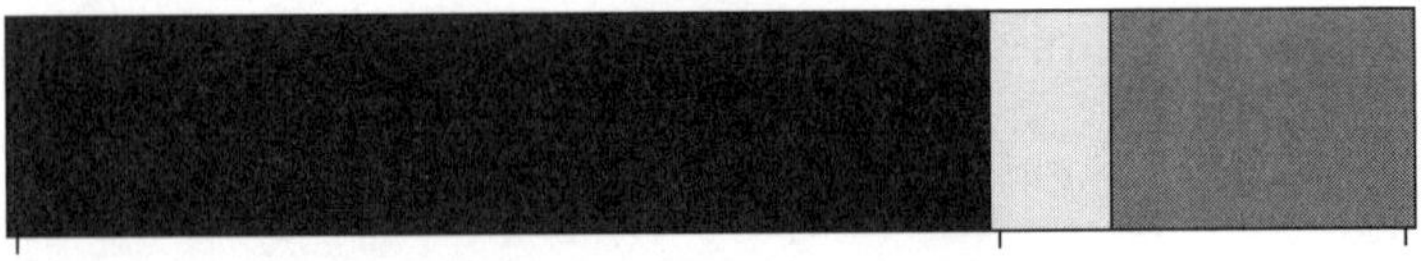

8億6,000万人が電気を安定して利用できずにいる。サハラ以南のアフリカでは、送電網につながっている人は半分未満である（出典：国際エネルギー機関）。(2)

かる）。しかし、いま当たり前と思われているサービスを供給するのがどれだけたいへんか、一度じっくり考えてみれば、そのすごさをもっと実感できるはずだ。そして、だれもそれを手放したがらないことがわかるだろう。将来どのような方法で炭素ゼロの電気を実現するにせよ、それは現在の方法と同じく安くて信頼できるものでなくてはならない。

本章では、いつでも利用できる安価なエネルギー源であるという利点をすべて保ったまま、炭素を排出することなくさらに多くの人に電気を供給するには何が必要かを説明する。僕たちがどのようにしてここにたどり着き、これからどこに向かうのか、そこから話をはじめよう。

現在は電気がどこにでもあるので忘れられがちだが、それがほとんどのアメリカ人の暮らしに欠かせないものになったのは二〇世紀にはいって数十年を経たのちである。また初期の主要電源のひとつは、いま思い浮かべる石炭、石油、天然ガスなどではなかった。水、つまり水力発電だったのだ。

水力発電には多くの利点があり、比較的安価でもあるが、大きな欠点もいくつかある。貯水池をつくることで、地域のコミュニティや野生生物が場所を追われる。土壌に炭素が多く含まれている場合には、地面を水で覆うとその炭素がやがてメタンに変わり、大気中に放出される。そのため、つくる場所によってはダムは石炭火力発電所よりも多くの温室効果ガスを出し、排出されたメタンガスを相殺するのに五〇〜一〇〇年かかることが研究で示されている。*(3) また、ダムで発電できる電気の量は季節によって異なる。雨水を水源とする河川を利用するためだ。また、当然ながら水力発電は特定の場所に固定される。川があるところにダムをつくらなければならないからである。

化石燃料にはこの制約がない。石炭、石油、天然ガスを地中から取り出して発電所にもっていく。そこでそれを燃やし、熱で水を沸騰させて、その蒸気でタービンを回して発電する仕組みだ。こうした利点から、第二次世界大戦後にアメリカで電力需要が急速に高まると、その需要を満たすのに化石燃料が使われた。二〇世紀後半に新たに加わった発電容量の大半が、化石燃料でまかなわれている。およそ七〇〇ギガワット、戦前に設置された発電所の容量の六〇倍近くだ。

---

*この計算は、ダムのライフサイクル・アセスメント（ＬＣＡ）に拠っている。ＬＣＡは興味深い分野であり、ある製品がつくられてからその寿命を終えるまでに排出するすべての温室効果ガスをリストアップする。こうした評価は、さまざまな技術が気候変動に与える影響を分析するのに役立つが、かなり複雑なので、本書では直接排出量に焦点を絞る。そのほうが説明しやすく、いずれにせよ出る結論はおおむね同じだからだ。

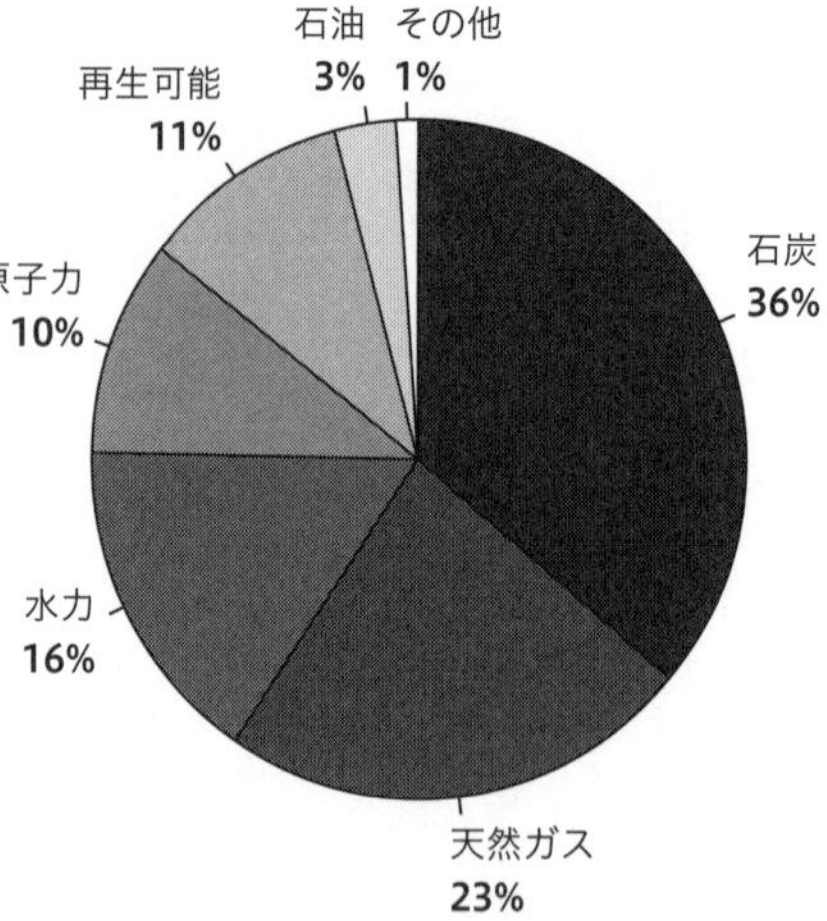

世界の電気をすべてクリーンな電源でまかなうのは容易ではない。現在、世界中で発電されているすべての電気の3分の2を化石燃料が占める（出典：bp Statistical Review of World Energy 2020）。[4]

時間の経過とともに、電気は驚くほど安くなった。二〇〇〇年には一九〇〇年の少なくとも二〇〇倍以上安くなったとする研究もある。[5] 現在、アメリカが電気に使っているお金は、GDPの二パーセントにすぎない。僕たちが電気に大きく依存していることを考えると、驚くほど低い数字だ。

電気がこれだけ安いのは、おもに化石燃料が安いからだ。化石燃料は広く入手可能であり、それをうまく効率的に採収して電気に換える方法が開発されてきた。各国政府もまた、大きな力を注いで化石燃料の価格を抑え、その生産を促している。

アメリカでは、合衆国の最初期からこれをおこなってきた。一七八九年に議会は、輸入石炭に対してアメリカで最初の保護関税を導入した。一八〇〇年代はじめには、石炭が鉄道産業にとってきわめて重要であるとの認識のもと、各州は税を一部免除し、ほかにも生産を奨励する策を講じるようになる。一九一三年に法人税が導入されたあとも、石油やガスの生産者は採掘の費用など、一定の経費を控除される権利を得た。これらをすべて合わせると、一九五〇年から一九七八年にかけて石炭と天然ガスの生産者を支援するために（現在のドルで）およそ四二〇億ドルの租税支出がなされたことになり、こうした優遇措置はいまも税法に残っている。[6]それに加えて、石炭と天然ガスの生産者は連邦政府の土地を有利な条件で借りることもできる。

これはアメリカだけの話ではない。ほとんどの国が、化石燃料の価格を抑えるためにさまざまな手段を講じている。[7]国際エネルギー機関（ＩＥＡ）の推計によると、化石燃料消費への政府補助金は、二〇一八年には四〇〇〇億ドルに及んだ。ここからも、電力供給において化石燃料が確固たる位置を占めている理由がわかる。世界の電力で石炭火力発電が占める割合（およそ四〇パーセント）は三〇年間変わっていない。石油と天然ガスを合わせた割合も、三〇年のあいだ二六パーセント前後で推移している。すべて合わせると、世界の電気の三分の二が化石燃料によって供給されている計算だ。一方で太陽光と風力は七パーセントにすぎない。

二〇一九年なかばの時点で、世界中で二三六ギガワット分の石炭火力発電所が建設中だ。この数十年間で電力需要が急増した発展途上国では現在、石炭と天然ガスが燃料として選ばれている。二〇〇〇年から二〇一八年までのあいだに、中国では石炭による発電容量が三倍になった。これはアメリカ、メキシコ、カナダの石炭火力発電の容量をすべて合わせた数字よりも大きい。

1900年ごろのこのチラシには、ペンシルヴェニア州コネルズヴィルにあった石炭処理施設が描かれている。[(8)]

はたして僕たちは、この状況を転換させ、今後必要とされる電気をすべて温室効果ガスの排出なしで供給できるのだろうか。

答えは、〝僕たち〟がだれを指すのかによる。アメリカは、適切な政策を実施して風力と太陽光による発電を広げ、特定のイノベーションを大きくあと押しすることで、かなり実現に近づける可能性がある。しかし、世界全体が炭素ゼロの電気を獲得するのは、はるかにむずかしいだろう。

まずは、アメリカにおける電気のグリーン・プレミアムを見てみよう。実は状況は悪くなく、少額のグリーン・プレミアムで排出をゼロにできる。

電気の場合、炭素を排出しない手段ですべての電力をつくるのにかかる追加費用がプレミアムになる。炭素を排出しない手段とは、風力、太陽光、原子力や、発生した炭素を回収する装置を備えた石炭や天然ガスの火力発電所などだ（思いだしてほしい。目標は風力や太陽光などの再生可能エネルギーだけを使うことではない。排出をゼロにすることだ。そのため、このような炭素ゼロの選択肢もここに含めている）。

プレミアムはいくらになるのか。アメリカのすべての電力系統を炭素ゼロの電源に替えると、平均料金は一キロワット時あたり一・三〜一・七セント上がる。現在ほとんどの人が払っている額のおよそ一五パーセント増だ。平均的な家庭で、一カ月あたり一八ドルのグリーン・プレミアムになる。すでに収入の一割をエネルギーに使っている低所得のアメリカ人には厳しいかもしれないが、たいていの人には払えない額ではないだろう。

（公共料金の支払いをしている人なら、キロワット時のことはおそらく知っていると思う。家庭用の電気料金はそれで計算されている。わからない人のために説明しておくと、キロワット時とは、一定の時間にどれだけ電気を使ったかを測るのに用いられるエネルギーの単位だ。一キロワットを一時間使ったら、一キロワット時を使用したことになる。典型的なアメリカの家庭では、一日の使用量は二九キロワット時だ。アメリカ全州のあらゆる種類の利用者を平均すると、一キロワット時の電気料金はおよそ一〇セントである。ただし、場所によってはその三倍を超えることもある）。

アメリカのグリーン・プレミアムがこれだけ低いのはすばらしい。ヨーロッパの状況も悪くない。[9] ヨーロッパのある事業者団体による研究では、ヨーロッパの送電網を九〇〜九五パーセント脱炭素化すると、平均料金の上昇はおよそ二〇パーセントだ（この研究で用いられている方法は、僕がアメリカのグリーン・プレミアムを計算するのに用いた方法とは異なる）。

残念ながら、これほど恵まれた国はほかにはあまりない。アメリカには再生可能エネルギーが豊富にある。太平洋岸北西部の水力、中西部の強風、一年を通じて利用できる南西部とカリフォルニアの太陽光などだ。ほかの国では、太陽はあっても風がなかったり、風があっても年中ずっと日が照るわけではなかったり、どちらもあまりなかったりする。信用格付けが低く、新しい発電所への巨額投資に必要な資金調達がむずかしい可能性もある。

アフリカとアジアは最も厳しい状況にある。この数十年で中国は、史上まれに見る驚くべき離れ業を成し遂げた。何億もの人たちを貧困から脱出させたのだ。ひとつにはこれは、石炭火力発電所を非常に安くつくることで可能になった。中国企業は、石炭火力発電所のコストをなんと七五パーセントも下げたのだ。当然ながらそれらの企業はいま、さらなる顧客を求めて次に台頭しつつある発展途上国を惹きつけようとしている。インド、インドネシア、ヴェトナム、パキスタン、アフリカ諸国だ。

新しい客として見こまれているこれらの国はどうするのか。石炭火力発電所をつくるのか、それともクリーンな道を選ぶのか。それらの国の目標と選択肢を考えてみるといい。小規模な太陽光発電は、貧しい農村地域に暮らし、携帯電話を充電したり夜に明かりを灯したりする電気が必要な人たちには選択肢のひとつになるかもしれない。しかし、この種の手段では、それらの国が経済を活性化させるのに必要な安価でつねに利用できる電気を大量に供給することはできない。こうした国も中国と同じ道をたどろうとしている。つまり、製造やコールセンターといった産業を誘致することで経済成長を目指しているのだ。この種のビジネスには、再生可能エネルギーによる小規模発電所が現在供給できるよりもはるかに大量の（そしてはるかに安定した）電力が求められる。

中国やすべての豊かな国と同じように、これらの国が石炭火力発電所を選べば、気候にとっては大惨事になる。しかし現時点では、それが最も経済的な選択肢だ。

そもそもなぜグリーン・プレミアムがかかるのか、ややわかりにくいかもしれない。天然ガス発電所は、稼働をつづけるかぎり燃料を購入しなければならない。太陽光発電所、風力発電所、ダム（水力発電所）では、エネルギー源は無料で手にはいる。それに当然ながら、ある技術を大規模に展開すれば費用は下がる。だとしたら、環境にやさしい選択肢をとることで、どうして余計な費用がかかるのか。

ひとつの問題は、化石燃料があまりにも安いことだ。気候変動の真のコスト、つまり地球の気温を上げることで生じる経済的損失がその価格にはいっていないので、クリーンなエネルギー源はそれと競争するのがむずかしいのである。それに、化石燃料を地中から採掘し、それからエネルギーをつくって、そのエネルギーを届ける仕組みが（しかもそれをすべてとても安くできる仕組みが）、何十年もかけて整えられてきた。

もうひとつの問題は、すでに触れたように、世界にはまともな再生可能資源がそもそも存在しない地域があることだ。一〇〇パーセントに近づけるには、多くのクリーンなエネルギーをそれがつくられるところ（日がよく照る場所、理想的には赤道近くや、風の強い地域）から必要とされる場所（曇りがちな場所や風の吹かない場所）に移動させなければならない。そのためには新しく送電線をつくる必要がある。コストと時間がかかる仕事であり（特に国境を越えるものになるとたいへんだ）、敷設《ふせつ》する電線が増えれば増えるほど、電気料金は上がる。実際、最終的な電気のコストに送電と配電が占める割合は三分の一を超える。* それに多くの国は、電力供給を他国に頼るのをいやがる。

とはいえ、化石燃料が安いことと送電線にコストがかかることとは、電気のグリーン・プレミアムを押し上げている最大の要因ではない。いちばんの原因は、安定供給が求められ、停電が嫌われることにある。

太陽や風は間欠的エネルギー源だ。つまり一年三六五日、一日二四時間フル稼働で発電できるわけではない。しかし電気のニーズは間欠的ではない。電気はつねに必要とされる。したがって、太陽光と風力が電力源のなかで大きな割合を占めるようになったとき、大規模な停電を避けたければ、太陽が照っていないときや風が吹いていないときのためにほかの手段が必要になる。余分な電気をバッテリーに蓄えておいたり（これについてはすぐあとで論じるが、法外な費用がかかる）、化石燃料を使う別のエネルギー源を加えたりしなければならないのだ。たとえば、必要なときだけ天然ガス発電所を稼働させるといった具合だ。いずれの方法でも、経済面の条件は厳しい。クリーンな電気が一〇〇パーセントに近づくにつれて間欠性の問題が大きくなり、さらに費用がかさんでいく。

間欠性の最もわかりやすい例が、日没後に太陽光発電の電気が供給されなくなることだ。この問題を解消するために、たとえば日中に発電した余分の電気を一キロワット時蓄えておき、それを夜に使うと考えてみよう（実際にはもっとたくさん必要だが、計算しやすいように一キロワット時とした）。その場合、電気料金はいくら上がるのか。

値上がり額はふたつの要因によって変わる。バッテリーの値段と、交換が必要になるまでの期間だ。値段については、たとえば一キロワット時のバッテリーが一〇〇ドルだとしよう（これは控えめな値段だ。また、このバッテリーを買うのに借金をしなければならない場合のこともさしあたりおいておく）。使用できる期間については、仮に充電と放電のサイクルを一〇〇〇回終え

＊送電は高速道路、配電は地元の道路だと考えるといい。電気は高電圧の送電線を使って発電所から街に運ばれ、その後、地域の低電圧配電系統に流れていく。近所で見かける電線がそれだ。

るまでとしておこう。

この一キロワット時バッテリーの資本コストは、一〇〇〇サイクルで一〇〇ドルであり、一キロワット時あたり一〇セントになる。これが発電時にそもそもかかる費用に加わる。太陽光発電の場合、その費用は一キロワット時あたりおよそ五セントだ。つまり、夜に使うために蓄えておく電気には、日中の電気の三倍の費用がかかることになる。発電に五セント、蓄えておくのに一〇セントで、合計一五セントだ。

バッテリーをこの五倍長持ちさせられると考える研究者もいる。まだ実現してはいないが、それが実際に可能なら、プレミアムは一〇セントから二セントまで下がり、値上がり幅ははるかに小さくなる。いずれにせよ夜間の電力の問題は、いまは大きなプレミアムを払う気さえあれば解消可能だ。イノベーションがすすむにつれて、このプレミアムは減らすことができると僕は確信している。

残念ながら、夜に電気が途切れるのは最大の難関ではない。夏と冬の季節のちがいが、さらに大きなハードルになる。これにはさまざまな対処法がある。原子力発電所や、排出二酸化炭素を回収する装置がついたガス火力発電所の電力を足すといった方法であり、こうした選択肢を含めなければ現実的なシナリオにはならない。それらについては本章のあとのほうで論じるが、わかりやすく話をすすめるために、さしあたりバッテリーだけを使って季節差の問題を説明したい。

たとえば、一キロワット時を一日だけでなく冬のあいだずっと蓄えておきたいとする。夏のあいだに発電し、それを冬に使って暖房機器を動かすわけだ。この場合、バッテリーのライフサイクルは問題にならない。充電するのは年に一度だけだからだ。

しかし、バッテリー購入のために融資を受けなければならないとする。一〇〇ドルの元金を借りたとしよう（もちろん一〇〇ドルのバッテリーを買うのに借金はしないだろうが、数ギガワットを蓄えられるバッテリーを買おうと思えば、おそらく借金が必要だ。計算方法は変わらない）。その元金に五パーセントの利子を払うとして、バッテリーが一〇〇ドルだとすれば、一キロワット時を蓄えるのにかかる費用は五ドル増えることになる。日中の太陽光発電にかかる費用はわずか五セントだ。わずか五セント分の電気を蓄えるために五ドル余計に払う人がいるだろうか。

季節差と蓄電コストの高さによって、ほかにも問題が生じる。特に太陽光発電の大規模ユーザーには顕著な問題だ。夏には発電量が多くなりすぎ、冬には足りなくなるのである。

地軸が傾いているため、地球上の特定の場所に当たる日光の量と強さは季節によって変化する。この変化の幅は、赤道からの距離によって異なる。エクアドルでは事実上変化はない。僕が暮らすシアトル地域では、一年で最も日が長い日には、最も短い日のおよそ二倍の太陽光が得られる。カナダやロシアの一部では約一二倍だ。*

＊風も季節によって変化する。アメリカでは風力発電は春にピークに達し、夏のなかばから終わりにかけて最も落ちこむ傾向にある（ただしカリフォルニアでは反対だ）。その差は二〜四倍に及ぶこともある。

このちがいがなぜ問題になるのか、それを理解するために別の思考実験をしてみよう。想像してもらいたい。シアトル近郊の町（仮にサンタウンと呼ぶことにする）が、太陽光で一年を通じて一ギガワット発電したいとする。サンタウンに必要な太陽電池は、どれほどの大きさになるだろう。

ひとつの選択肢は、日の光がたっぷりある夏に一ギガワット発電できるだけのパネルを設置することだ。しかしそれでは冬になるとうまくいかない。日の光が半分に減ってしまい、発電量が足りなくなる（蓄電は費用が高すぎるとわかっているので、町議会はバッテリーを選択肢から外している）。他方で、日が短くてうす暗い冬に必要とされるだけのソーラーパネルを設置することもできるが、そうなると今度は夏に必要量をはるかに超える量を発電してしまう。電気は非常に安くなり、町は大量のパネル設置にかかった費用を回収できなくなる。

夏のあいだ一部のパネルを使用停止することで、過剰発電の問題には対処できるかもしれないが、そうなると一年のうち数カ月しか使わない設備に資金を投じることになる。それによって電気のコストが上がり、町内の家庭や会社や店の負担も増える。つまり町のグリーン・プレミアムが上がるのだ。

サンタウンの状況は、単なる仮説上の例ではない。同じようなことがドイツで実際に起こっている。ドイツでは野心的な〝エネルギー転換（Energiewende）〟計画によって、二〇五〇年までに六〇パーセントを再生可能エネルギーにすることを目標にしている。この一〇年間で数十億ドルの資金を投じて再生可能エネルギーの利用を拡大し、二〇〇八年から二〇一〇年までのあいだに太陽光の発電容量を六五〇パーセント近く増やした。ただしドイツの太陽光発電では、二〇一八年六月には同年一二月の一〇倍の電気がつくられている[10]。実際、ドイツの太陽光と風力の発電所は、夏には国内で使い切れない量の電気をつくる。余剰分は一部、隣国のポーランドとチェコ共和国に送電されるが、両国の首脳は、そのために国内の送電網に過剰な負担がかかり、電気のコストに予測不可能な変動が生じるとして不満を表明している[11]。

間欠性による問題はほかにもある。一日のなかでの変動や季節差よりも解決がむずかしい問題だ。災害などのために数日間、再生可能エネルギーなしで街が生きのびなければならないときには、どうすればいいのか。

仮に将来、東京がすべての電気を風力でまかなうようになったと想像してもらいたい（実際、日本は陸上でも洋上でもかなりの風を利用できる）。ある年の八月、台風シーズンの真っただ中に超大型台風に襲われる。風があまりにも強いため、風力タービンは稼働を停止しなければ壊れてしまう。東京都の幹部たちはタービンを止め、手にはいる最高性能の大型バッテリーに蓄えた電気だけでしのぐことにした。

さて問題だ。台風が去ってタービンをまた動かせるようになるまでの三日間、東京に電力を供給しつづけるには、バッテリーがいくつ必要だろうか。

答えは、一四〇〇万個以上だ。これは、世界で一〇年間に製造される蓄電容量よりも多い。購入価格は四〇〇〇億ドル。バッテリーの寿命を考えて平均すると、年間二七〇億ドル超の出費になる。[*] これはバッテリーの製品コストだけの額であり、設置やメンテナンスなどの費用は含まれていない。

この例は完全に仮説上のものだ。東京がすべての電気を風力でまかなったり、現行のバッテリーに蓄えたりすべきだと本気で考える人はいない。僕がこの例を使ったのは、決定的に重要な点を強調するためだ。大量の電気を蓄えるのはきわめて困難で費用がかさむ。しかしこの先、クリーンな電気のかなりの割合を間欠的な電力源に頼って供給しようとするのなら、それが必要になるのである。

それに今後、クリーンな電気はいまよりはるかにたくさん必要になる。鋼鉄をつくったり自動車を走らせたりといった、炭素を大量に排出するプロセスを電化していくのにともない、二〇五〇年までに世界の電気供給量を二倍、場合によっては三倍に増やす必要がある。この点については、ほとんどの専門家の見解が一致している。しかもこの数字では、人口の増加や、人びとが豊かになって電気をさらに使うようになることは考慮に入れられていない。つまり、世界では現在の発電量の三倍よりもはるかに多くの電気が必要になるわけだ。

太陽光と風力は間欠的な電源なので、発電の容量はそれよりもさらに増やさなければならない（発電容量とは、太陽が最もよく照ったり風が最も強く吹いたりしているときに理論上生産できる電気の量である。発電量は、発電が途切れる時間やメンテナンスのために発電所を停止する時間などを考慮に入れた、実際に得られる電気の量だ。発電量は発電容量よりもつねに小さく、太陽光や風力のような変動しやすい電力源では、発電量は発電容量よりずっと小さくなる)。

電気の使用量が増え、そこで風力と太陽光が大きな役割を果たすと想定すれば、二〇五〇年までにアメリカの電力網を完全に脱炭素化するには、今後三〇年間、毎年七五ギガワットほどの発電容量を増やす必要がある。

これは多いのか。過去一〇年間、アメリカでは毎年平均で二二ギガワットが追加されてきた。その三倍を超える量を毎年増やし、そのペースを三〇年保つ必要があるということだ。

ソーラーパネルと風力タービンをもっと安く高性能にできれば、つまり一定量の太陽光や風からさらに多くのエネルギーを得る方法を発明できれば、状況はややましになるだろう(現行の最高性能ソーラーパネルがエネルギーに換えられるのは、パネルに当たる太陽光の四分の一未満であり、最も一般的なタイプの市販パネルでは、理論上の限界は約三三パーセントである)。この変換率が上がると、同じ広さの土地からより多くの電力を得られるようになり、こうした技術を広く展開するのに役立つ。

しかし、パネルやタービンの性能を上げるだけでは足りない。二〇世紀にアメリカがやったこ

＊次のような計算だ。二〇一九年八月六日から八日までのあいだに、東京では三一二三ギガワット時の電力が消費された。ベースロード電源として想定したのは、単価三万六〇〇〇ドル、寿命二〇年のアイアンフロー電池五四〇万個である。ピーク電源には、単価二万三三〇〇ドル、寿命一〇年のリチウムイオン電池九一〇万個を想定した。

と、二一世紀に必要とされていることは、大きく異なるからだ。これからは場所がかつてないほど重要になる。

電力網の整備がはじまったときから、アメリカの電力会社は、ほとんどの発電所を当時急速に成長していた都市の近くにつくった。鉄道やパイプラインを使って、化石燃料を採掘される場所から燃やされて電気になる発電所まで比較的簡単に運べたからだ。その結果、アメリカの電力網は、鉄道とパイプラインで発電所まで燃料を長距離輸送し、そのあとに送電線を使って必要とする街へ電気を短距離移動させる仕組みになっている。

このモデルは太陽光や風力には使えない。太陽光を列車に載せてどこかの発電所まで移動させることなどできないからだ。その場で電気に換える必要がある。しかし、アメリカのほとんどの太陽光は南西部で供給され、風はグレートプレーンズ（中西部の平原）で得られるので、多くの大都市圏からは遠く離れている。

要するに、炭素ゼロの電気に近づくにつれて、間欠性がおもな原因となってコストが上がるのだ。それゆえグリーンな発電手段に切り替えようとしている都市も、やはりほかの手段で太陽光と風力を補っている。電力需要に応じてガス火力発電所などの発電量を増減させているのだ。いわゆる〝ピーク用電力〟は、どうこじつけても炭素ゼロとはいえない。

誤解のないように言っておきたい。太陽光や風力などの変動電源は、ゼロを達成するにあたって大きな役割を果たせる。いや、果たして**も**ら**わ**な**けれ**ば**な**ら**な**い。

に再生可能エネルギーを利用すべきだ。この一〇年間で太陽光発電と風力発電のコストは驚くほど下がった。たとえば、太陽電池は二〇一〇年から二〇二〇年までのあいだにほぼ一〇分の一の値段になり、ソーラーシステム一式の価格は、二〇一九年の一年だけで一一パーセントも下がっている。このように値段が下がったのは、実際に製造を重ねるなかで多くのことを学んだからだ。単純に、ある製品をつくればつくるほど、それをうまくつくれるようになる。

たしかに、再生可能なエネルギー源を最大限に活用できるように障害を取り除く必要はある。たとえば、アメリカの送電網は互いに結びついたひとつのネットワークだと思われがちだが、実はまったく異なる。送電網はひとつではない。たくさんあり、パッチワーク状に入り組んでいて、発電された電気を別の地域に送るのは実質的に不可能だ。アリゾナ州は、余分な太陽光の電力を隣接する州に売ることはできるが、国の反対側の州に売ることはできない。

この問題を解消するには、いわゆる高圧電流を運ぶ数千キロメートルの特別な長距離送電線を全国に張り巡らせばいい。この技術はすでに存在する。それにアメリカでは、こうした送電線が一部に設置されている（最大のものはワシントン州からカリフォルニア州までつながっている）。しかし電力網を大幅にアップグレードするのは、政治的にかなりハードルが高い。

考えてみてほしい。太陽光エネルギーを南西部からはるばる北東部ニューイングランドの利用者のもとへ運ぶ送電線をつくるとしたら、どれだけの土地所有者、電力会社、自治体や州政府を巻きこまなければならないか。ルートを決めて敷設権を得るだけでもたいへんだ。地域の公園を突っ切って大きな送電線を敷設しようとすれば、住民の反対も招く。

ワイオミング州からカリフォルニア州と南西部に風力発電の電気を送る事業、〈トランスウェスト・エクスプレス〉の建設が二〇二一年にはじまる。これは二〇二四年に操業をはじめる予定で、計画開始から数えると一七年かかることになる。

これが成功すれば、大きな変化につながる。僕は、アメリカを網羅する全送電網のコンピューター・モデルをつくる事業に資金提供している。二〇三〇年までに再生可能エネルギーを六〇パーセントにするというカリフォルニア州の目標を西部のすべての州が達成し、同じ年までにクリーンなエネルギーを七〇パーセントにするというニューヨーク州の目標を東部のすべての州が達成するには何が必要か、このモデルを使って専門家が調べた。その結果、送電網を強化しなければ、それらの州が目標を達成することは不可能であることがわかった。また、州ごとの取り組みに任せずに地域レベルや国レベルで送電に取り組めば、各州は三〇パーセント少ない再生可能エネルギーで排出削減目標を達成できることも示されていた。つまり最適の場所に再生可能エネルギーによる発電所をつくり、全国を結ぶ送電網を整えて排出ゼロの電気を必要なところに送れば、費用を節約できるということだ。*

この先、エネルギー全体に電気が占める割合が大きくなるにつれて、このような送電網のモデルが世界中で必要になるだろう。そうしたモデルがあれば、次のような問いに答えるのに役立つ。ある場所で最も効率的なクリーン・エネルギーの組み合わせはどれか。どことどこを送電線で結ぶべきか。どの規制が足を引っ張っていて、どのようなインセンティブをつくる必要があるのか。このようなモデルをつくる事業がもっと出てきてほしいと思っている。

ほかにも厄介な問題がある。家庭で化石燃料よりも電気が使われるようになると（たとえば電気自動車や電気暖房を使うようになると）、各家庭への電力供給をアップグレードする必要が生まれるのだ。最低でも二倍、多くの場合さらに増やす必要がある。道路を掘り返し電柱に登って、太い電線、変圧器、その他の装置を設置しなければならない。したがって、この問題はほぼすべてのコミュニティで現実味を帯び、政策の影響が地方レベルまで及ぶことになる。

こうしたアップグレードにともなって政治的な障壁が生まれるが、その一部を乗り越えるのに技術が役立つ可能性がある。たとえば、電線を地下に埋めるとそれほど目障りでなくなる。しかし、現状では電線を地中に埋めるとコストは五～一〇倍になる（問題は熱だ。電気が流れると電線は熱くなる。地上では熱は空気中に放散されるので問題ないが、地下では熱の逃げ場がない。温度が高くなりすぎると、電線が溶けてしまう）。熱の問題を解消し、電線地中化のコストを大幅に下げる次世代送電技術の開発に取り組んでいる企業もある。

いまある再生可能エネルギーを展開し、送電を改良するのはこのうえなく重要だ。全国的に送電網を大幅に改良せずに、各地域にそれを任せると、グリーン・プレミアムは一五～三〇パーセ

＊このモデルはオンラインでだれでも見られる。詳しくは breakthroughenergy.org を参照のこと。

ントでは収まらず、一〇〇パーセントを超える可能性もある。原子力エネルギー（これについては次の節で取り上げる）を大量に使わないのなら、アメリカでゼロに向かうためには、風力と太陽光の発電所を場所が許すかぎり、つくれるだけつくらなければならない。最終的にアメリカの電気のどれほどが再生可能エネルギーになるのか、正確にはわからない。わかっているのは、これから二〇五〇年までのあいだに、いまよりもずっと速く、五〜一〇倍のスピードで整備をすすめる必要があるということだ。

それに思いだしてもらいたい。ほとんどの国は、アメリカほど太陽光や風力に恵まれてはいない。電力のかなりの割合を再生可能エネルギー源でまかなうことを望めるのは、普通ではなく例外なのだ。したがって、太陽光と風力を展開できるだけ展開しても、やはり新しいクリーン電力についてのなんらかの発明が必要になる。

数多くのすばらしい研究がすでに進行中だ。僕の仕事の好きなところをひとつ挙げるとするなら、トップクラスの科学者や企業家と会い、その人たちから学ぶ機会に恵まれていることだ。長年のあいだにブレークスルー・エナジーなどを通じて投資をするなかで、電気の排出ゼロ実現に必要な革命につながりうるブレークスルーのアイデアをいくつか聞いた。開発の状況はさまざまで、比較的成熟してテストを重ねたものもあれば、突拍子もないものもあった。ただ、クレイジーなアイデアに賭けるのを恐れてはいけない。そうしなければ実現できないブレークスルーも、少なくともいくつかはあるからだ。

炭素を排出しない《カーボン・フリー》電気をつくる

核分裂。原子力を擁護する主張を簡潔にまとめると次のようになる。原子力は、炭素を排出しないエネルギー源で唯一、地球上のほぼどこでも一年を通じて昼夜を問わず安定して電力を供給でき、大規模に展開できることが証明されている。

　ほかのクリーンなエネルギー源はどれも、いま原子力が供給している電力量には遠く及ばない（ここで意味しているのは核分裂、つまり原子核を分裂させてエネルギーを得るプロセスのことだ。それの対極となる核融合についてはすぐあとに取り上げる）。アメリカはおよそ二〇パーセントの電気を原子力発電所でつくっている。フランスは世界で最も原子力発電の割合が大きい国であり、七〇パーセントをそれでまかなっている。思いだしてほしい。これに対して太陽光と風力は、ふたつ合わせて世界全体で約七パーセントだ。

　また将来、原子力を増やすことなく、アメリカの電力網を手頃な費用で脱炭素化することは想像しがたい。二〇一八年、マサチューセッツ工科大学の研究者たちが、アメリカでのゼロ達成に向けた一〇〇〇近くのシナリオを分析した。安価な方法はすべて、クリーンでつねに利用可能な電源を使うものだった——つまり原子力のような電源だ。そのようなエネルギー源がなければ、炭素ゼロの電気を実現するコストははるかに高くなる。

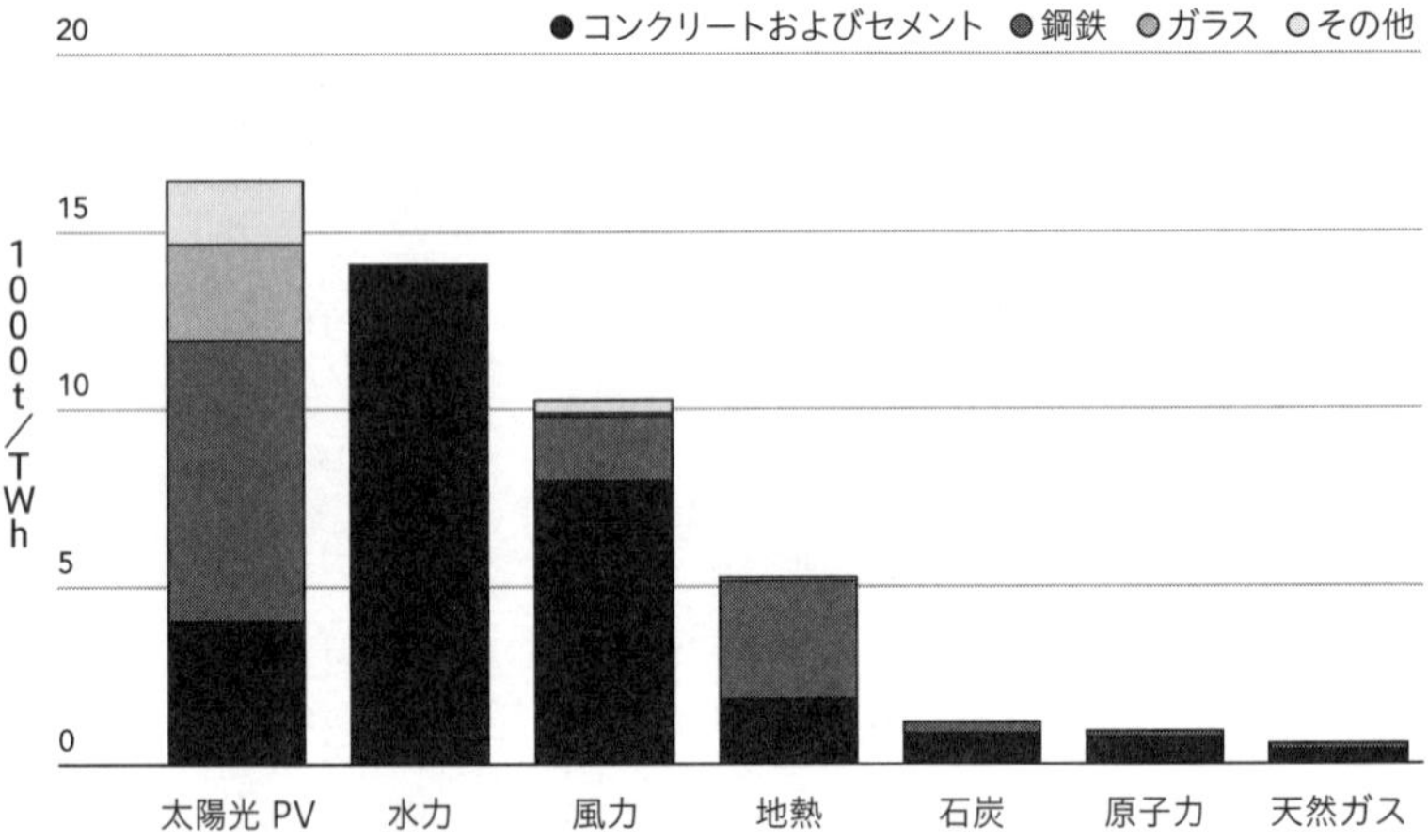

発電所をつくって動かすのに、どれだけのものが必要か。それは発電所の種類による。原子力は最も効率的であり、一定の発電量（テラワット時）あたりで使用する資材はほかよりはるかに少ない（出典：米国エネルギー省）。[12]

また原子力発電所は、セメント、鋼鉄、ガラスといった資材を最も効率よく利用できる。上のグラフは、さまざまな電源で一定量の発電をするのに必要な資材の量を示したものだ。

原子力のグラフの棒がとても短いのがわかるだろう。つまり、発電所をつくって動かすのに使われる資材一キログラムにつき、ほかよりはるかに多くのエネルギーを得られるということだ。こうした資材を製造する際に排出される温室効果ガスのことを考えると、これは考慮に入れておくべき大きな問題だ（次章でさらに詳しく論じる）。また、太陽光や風力の発電所には通常、原子力発電所よりも広い土地が必要とされるが、それはグラフの数字には反映されていない。原子力発電所が九〇パーセントの時間、発電できるのに対して、太陽光や風力は二五～四〇パーセントの時間しか稼働できないことをもだ。したがって、このグラフに示されているよりも差はずっと大きい。

原子力に問題があるのは周知のとおりだ。現在、原子力発電所をつくるにはとても大きな費用がかかる。人為的ミスによって事故が起こりかねない。燃料のウランは、加工して兵器に使うこともできる。それに廃棄物は危険で貯蔵が困難だ。

アメリカのスリーマイル島、ソ連（当時）のチェルノブイリ、日本の福島での大事故によって、こうしたリスクに注目が集まった。これらの大惨事は深刻な問題があったがゆえに起こったのだが、その問題の解決に取り組まれることはなく、この分野を進歩させる試みは止まってしまった。

想像してもらいたい。ある日、みんなが集まってこんなことを言ったとする。「車のせいで人が死んでいる。危険だ。運転はやめて、自動車は使わないようにしよう」。当然、そんな意見はばかげている。僕たちは、それとは反対のことをした。イノベーションによって車を安全にしたのだ。人がフロントガラスを突き抜けて外に飛び出ないように、シートベルトとエアバッグを発明した。事故が起こったときに乗っている人を守るために、安全な素材をつくってデザインを改良した。駐車場で歩行者を守るために、後方確認用のカメラを取りつけるようになった。

原子力発電によって死ぬ人は、自動車によって死ぬ人よりもはるかに少ない。ついでにいうと、原子力による死者は、どの化石燃料による死者よりずっと少ない。

それでもやはり、自動車のときと同じように原子力発電も問題を一つひとつ分析し、イノベーションによってその解決に取り組むことで、さらに改良していく必要がある。

科学者や技術者は、さまざまな解決策を提示してきた。僕はテラパワー社が開発したアプローチに大きな期待を寄せている。テラパワーは二〇〇八年に僕が設立した会社で、原子核物理学とコンピューター・モデリングのきわめて優秀な人材を集め、次世代原子炉を設計している。

現実世界では実験用原子炉をつくらせてもらえないので、僕のチームはワシントン州ベルビューにスーパーコンピューターの実験室をつくり、そこでさまざまな原子炉の設計案をデジタル・シミュレーションしている。そして、進行波炉と呼ばれる案によって、すべての重要な問題を解決するモデルをつくるのに成功したと考えている。

テラパワーの原子炉は、ほかの原子力施設で出た廃棄物など、さまざまな燃料で動かすことができる。廃棄物は現在の原子力発電所よりずっと少なく、完全に自動化されるので、人為的ミスの可能性もなくなる。地下につくることもでき、攻撃から守ることができる。最後に、核反応をコントロールする独創的な仕組みを使用し、根本的に安全な設計になる。たとえば、核燃料が収められる燃料棒《ピン》は温度が高くなりすぎると膨張し、そうすることで核反応の速度を下げて炉内の過熱を防ぐ。文字どおり物理の法則で事故を防止するわけだ。

新しい原子力発電所の建設をはじめられるのは、何年も先のことだろう。いまのところテラパワーの設計案は、僕たちのスーパーコンピューター上にしか存在しない。アメリカ政府とともに、

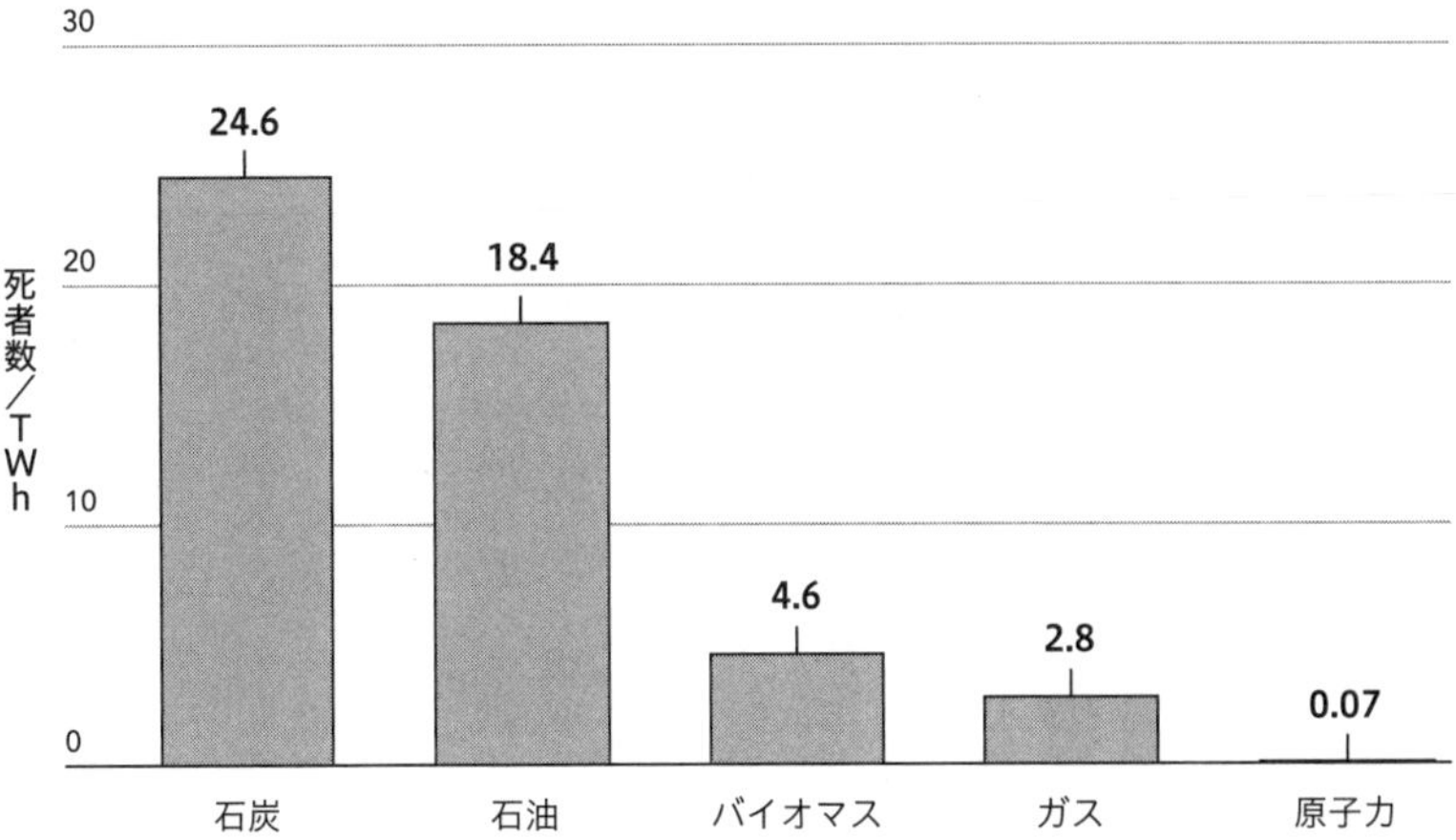

原子力発電は危険なのか。このグラフからわかるように、一定量の電気（テラワット時）あたりの死者数を見れば、危険とはいえない。この数字には、燃料の採掘からそれを電気に換えるまでのエネルギー生産の全プロセスと、大気汚染などの環境問題による死者が含まれる（出典：Our World in Data）。[13]

最初のプロトタイプづくりに向けて作業をすすめているところだ。

核融合。もうひとつ、まったく異なる原子力発電の方法がある。かなり有望ではあるが、消費者に電気を供給するまでには少なくともあと一〇年はかかるだろう。核分裂のように原子核を分裂させるのではなく、原子核をくっつけることで、つまり融合させることでエネルギーを得る方法だ。

核融合は、太陽がエネルギーを生むのと同じ基本プロセスを利用する。ほとんどの研究は特定のタイプの水素に集中しているが、なんらかの気体からスタートし、それを摂氏五〇〇〇万度をはるかに超える高温にして、電気を帯びたプラズマと呼ばれる状態にする。

この温度では素粒子は非常に高速で移動し、互いにぶつかって融合する。太陽で水素原子がしているのもこれだ。水素原子が融合するとヘリウムに変わり、その過程で巨大なエネルギーが放出されるので、それを使って発電できるわけだ（科学者はさまざまな方法でプラズマを閉じこめてきた。最もよく使われるのは、強力な磁気かレーザーを使う方法だ）。

まだ実験段階ではあるが、核融合はきわめて有望である。水素のような広く入手可能な元素を使うことができ、燃料が安く豊富に手にはいるからだ。核融合におもに使われるタイプの水素は海水から抽出でき、何千年ものあいだ世界のエネルギー需要に応えられる量がある。核分裂によって出るプルトニウムやその他の元素の廃棄物は数十万年ものあいだ放射性を保つが、核融合の廃棄物が放射性を保つのは数百年間だ。放射線量のレベルも低く、危険性は病院から出る放射性廃棄物と変わらない。燃料の供給をやめたり、プラズマを閉じこめている装置の電源を切ったりすれば融合はすぐに止まるため、制御不可能な連鎖反応が起こることもない。

しかし、実際には核融合をおこなうのは非常にむずかしい。核物理学者のあいだでは、昔からこんなジョークがある。「核融合は四〇年後に実現する。これから先もずっとそうだ」（たしかに僕は、〝ジョーク〟ということばをゆるく使っている）。大きなハードルのひとつが、核融合を開始させるには莫大なエネルギーが必要であり、多くの場合、生み出すよりも多くのエネルギーを使ってしまうことだ。それに、必要な温度を考えれば想像できるだろうが、原子炉をつくるのが工学的にきわめてむずかしい。既存の核融合原子炉は、どれも消費者が使う電気をつくるために設計されてはいない。すべて研究目的のものだ。

　現在建設中の最大プロジェクトが、六つの国とEUが共同でフランス南部につくっているIT《イー》ER《ター》という実験施設である。二〇一〇年に建設がはじまり、現在も進行中だ。ITERは二〇二〇年代なかばまでに最初のプラズマを発生させる計画で、二〇三〇年代の終わりには使用した量よりも多くの電力を生むようになると見こまれている。稼働に必要なエネルギーの一〇倍を得られる見こみだ。これが実現すれば、核融合にとってのキティホーク（ライト兄弟がはじめて有人動力飛行に成功したノースカロライナ州の町）になり、商業用実証プラントの建設につながる大きな成果になる。

　また、核融合をいまより実用的にするイノベーションが今後さらに出てくる。たとえば、高温の超伝導体を使って、プラズマを閉じこめるはるかに強力な磁場をつくろうとしている企業がいくつかある。この方法がうまくいけば、核融合炉をずっと小さくでき、それゆえ短期間で安くつくれるようになる。

　しかし重要なのは、どこか特定の企業が核分裂や核融合に必要な他に類を見ないブレークスルーを起こすことではない。最も重要なのは、世界がふたたび原子力エネルギー分野の進歩に真剣に取り組むことだ。無視するにはあまりにも有望な分野だからだ。

　洋上風力発電。 風力タービンを海やその他の水域に設置することには、さまざまな利点がある。主要都市の多くは海岸の近くにあるので、使用される場所に近いところで発電でき、送電の問題はあまりない。洋上では陸上よりも風が休みなく吹くことが多く、間欠性の問題も少なくなる。

こうした利点があるにもかかわらず、洋上風力発電は現在、世界の全発電容量のごくわずかな割合しか占めていない。二〇一九年にはおよそ〇・四パーセントだ。そのほとんどがヨーロッパ、とりわけ北海にある。アメリカでは三〇メガワット分が設置されているだけで、すべてロードアイランド州沖のひとつの事業のものだ。思いだしてもらいたい。アメリカの電力使用量はおよそ一〇〇〇ギガワットなので、洋上風力発電は国内の電気の約三万二〇〇〇分の一を供給しているだけだ。

洋上風力発電業界には、のびしろがたくさんある。企業は一基ごとの発電量を増やそうとタービンを大きくする方法を考えていて、大きな金属の物体を海上に設置するための工学上の問題を解消しようと努めている。これらのイノベーションによって値段が下がり、多くの国がタービンを増やしている。過去三年間で洋上風力発電の利用は年平均二五パーセント増えた。現在、洋上風力発電の世界最大の利用国はイギリスであり、これは効果的な政府補助金によって、この分野への企業の投資をあと押ししたからだ。中国も洋上風力発電に多額の投資をしていて、二〇三〇年までに世界最大の消費国になる可能性が高い。

アメリカには利用できる洋上風力がかなりあり、特にニューイングランド、北カリフォルニア、オレゴン、メキシコ湾岸地域、五大湖には豊富にある。[14] 理屈のうえでは、アメリカは洋上風力で二〇〇〇ギガワットを発電できる。現在の需要を満たしてなお余りある量だ。しかし、このポテンシャルを活かすには、タービンをもっと設置しやすくする必要がある。いまは、設置許可を得るには、お役所手続きの試練をくぐり抜けなければならない。限られた数しか提供されない連邦政府のリース権を購入し、それから何年もかけて環境影響評価書を作成して、さらに州や地方自治体の許可を得なければならないのだ。それに準備の一つひとつの段階で、海岸に面した土地の所有者や観光業界、漁業者、環境団体からの（正当なものであれそうでないものであれ）猛反発を受ける可能性もある。

洋上風力発電はきわめて有望な手段だ。コストも下がっていて、多くの国で脱炭素化に重要な役割を果たすことができる。

地熱。地下には、浅い場合で数十メートル、深い場合は一六〇〇メートルほどのところに高温岩体があり、それを炭素を排出しない発電に利用できる。地下の岩体に水を高圧で送りこみ、そこで熱を吸収した蒸気を別の穴から出して、タービンを回したり、ほかの手段で発電したりする仕組みだ。

しかし、地中の熱を利用することには欠点がある。エネルギー密度、すなわち一平方メートルあたりで得られるエネルギーの量がかなり低いのだ。二〇〇九年刊の名著『持続可能なエネルギー――「数値」で見るその可能性』でデービッド・マッケイは、地熱でまかなえるのはイギリスのエネルギー需要の二パーセント未満だと見積もっていて、その量を供給するだけでも国土をすべて利用し、無償で穴を掘る必要があるという(15)。

それに、熱源に達するには井戸を掘らなければならないが、それによって必要な熱を得られるのか、またどれだけのあいだ熱を得られるのかを事前に知るのも困難だ。地熱発電のために掘った井戸の約四〇パーセントは、最終的に役に立たない。また地熱発電を利用できるのは、世界のなかでも特定の場所だけだ。最も適しているのは平均以上の火山活動が見られる地域である。

こうした問題があるので、地熱発電は世界の電力消費量のささやかな割合しかまかなえないだろうが、それでも自動車のときと同じように、問題を一つひとつ解決すべく取り組む価値はある。この数年間で技術が進歩し、石油とガスをはるかに効率よく採掘できるようになったが、企業はその技術を足がかりにさまざまなイノベーションに取り組んでいる。たとえば、有望な地熱発電用の掘削地点を見つけやすくする高性能センサーを開発している企業もある。水平掘削を使って地熱源をより安全かつ効率的に利用できるようにしている企業もある。もともと化石燃料産業のために開発された技術を、排出ゼロへと向かうのに役立てられる好例だ。

電気を蓄える

バッテリー。僕は、思ってもみなかったほど多くの時間を割いて、バッテリーについて学んできた（思ってもみなかったほど多くのお金を、スタートアップのバッテリー企業のために失ってもきた）。ノートパソコンや携帯電話の電源に使われているリチウムイオン電池にはさまざまな制約があるが、意外なことにそれを改善するのはむずかしい。発明家たちはバッテリーに使える金属をすべて調べたが、すでに製造されているバッテリーよりはるかに高性能のものを製造できる素材は存在しないようだ。性能を三倍にすることはできても、五〇倍にすることはおそらくできない。

それでも、優秀な発明家から研究の機会を奪ってはならない。僕が会った数人のすばらしい技術者は、街ひとつ分のエネルギーを蓄え（携帯電話やパソコンを動かす小型バッテリーとは異なるもので、グリッドスケール蓄電池と呼ばれている）、季節による間欠性を乗り切ることができるぐらい長期間それを保っておける手頃な価格のバッテリーの開発に取り組んでいる。僕が尊敬するある発明家は、従来のバッテリーで使われている固体金属の代わりに液体金属を使用するバッテリーを研究している。液体金属は、はるかに多くのエネルギーを非常に短時間で蓄えて供給することができる。街全体に電力を供給するには、まさに必要な性質だ。この技術は実験室では効果が証明されていて、現在、チームはそれを経済的に提供できるようにするとともに、現場で実際に使えることを証明しようと研究をすすめている。

ほかにも、フロー電池と呼ばれるものの研究に取り組んでいる人たちがいる。これはふたつの異なる液体を別々のタンクに蓄えておき、ポンプで循環させながら反応させて電気を生む。タンクが大きければ大きいほど蓄えられるエネルギーが増え、バッテリーが大きければ大きいほど経済的になる。

揚水発電。これは街ひとつ分のエネルギーを蓄えられる方法で、次のような仕組みで機能する。

電気が安いときに（たとえば、強風が吹いてタービンが高速で回転しているときに）水をポンプで丘の上の貯水池に汲み上げておく。そして電力需要が高まったときに丘の下に水を流し、それを使ってタービンを回してさらに発電するのだ。

揚水発電は、グリッドスケールの蓄電方法のなかで世界最大規模のものだ。残念ながら、それでもたいした量は蓄えられない。アメリカで最も規模の大きい一〇の施設を合わせても、全国の電力消費量の一時間未満の分しか蓄えられないのだ。あまり普及していない理由はおそらく想像できるだろう。丘に水を汲み上げるには大きな貯水池が必要であり、当然ながら丘も必要だ。どちらかがなければ、どうしようもない。

それに代わる方法を検討している企業もある。ある企業は、小石など水以外のものを丘に上げられないか考えている。またほかの企業は、水を使いながらも丘なしですませる方法を考えている。水を地下にポンプで送りこみ、圧力をかけてそこに蓄えておいて、タービンを回すときになったらその水を解放するのだ。この方法がうまくいけばすばらしい。地上設備のことをほぼ心配しなくてすむからだ。

蓄熱。電気が安いときにそれを使ってなんらかの物質を熱しておくアイデアだ。そしてさらに電気が必要になったときに、その熱を使って熱機関によって発電する。熱効率は五〇～六〇パーセントと悪くない。技術者は、エネルギーをあまり失わずに熱を長時間保っておける物質をたくさん知っている。最も有望なのは溶融塩に熱を蓄える方法で、一部の科学者や企業が研究をすすめている。

テラパワーでは、（仮に発電所の建設が可能となったときに）日中に太陽光発電と競合せずにすむように、溶融塩を活用する方法を検討している。日中に生み出された熱を蓄えておき、安い太陽光電力を利用できない夜間にそれを電気に換えるというのがその考えだ。

安価な水素。 蓄電において大きなブレークスルーが起こってほしいと僕は思っている。しかし、パソコンが登場してタイプライターがほぼ無用になったように、なんらかのイノベーションが登場してこれらのアイデアがすべて時代遅れになる可能性もある。

蓄電では、安価な水素によってそれが起こるかもしれない。

というのも、水素は燃料電池の重要な構成要素だからだ。燃料電池はふたつの気体の化学反応によってエネルギーを得る。通常そのふたつは水素と酸素で、副産物としてできるのは水だけだ。太陽光や風力の発電所からの電気を使って水素をつくり、その水素を圧縮ガスなどの形態で蓄えておいて、必要に応じて燃料電池にそれを投入して発電する。要するに、クリーンな電気を使って、炭素を排出しない燃料をつくるわけだ。その燃料は何年も蓄えておくことができ、すぐに電気に戻すことができる。それに、先に触れた立地の問題も解消できる。太陽の光を鉄道で輸送することはできないが、燃料に換えれば好きな手段で移動させることができるからだ。

とはいえ問題もある。現時点では、炭素を排出せずに水素をつくるには高い費用がかかる。それに、バッテリーに直接電気を蓄えるより効率が落ちる。まず電気を使って水素をつくり、のちにその水素を使って電気をつくるからだ。これだけのプロセスを経るので、そのあいだにエネルギーが失われてしまう。

また、水素は非常に軽い気体なので、妥当な大きさの容器に蓄えておくのがむずかしい。気体は圧縮することで保存しやすくなる（同じ容量の容器にたくさん詰めこむことができる）が、水素の分子はとても小さく、圧力をかけると金属を通り抜けてしまう。タンクに貯めたガスが徐々に漏れ出ていくようなものだ。

最後に、水素をつくる過程（電気分解と呼ばれる）でもさまざまな器具（電解槽として知られる）が必要になり、それにもかなりのコストがかかる。カリフォルニア州では燃料電池で走る自動車が市場に出ているが、水素のコストはガソリンに換算すると一ガロンあたり五・六〇ドルだ。したがって科学者は、電解槽として使える安価な器具を見つけようとしている。

その他のイノベーション

炭素回収。現在と同じように天然ガスや石炭を使って発電をつづけながら、二酸化炭素が大気に出る前にそれを吸い取ることもできる。これは炭素回収・貯蔵と呼ばれる方法で、化石燃料による発電所に特別な装置を取りつけて排出物を吸収する。こうした〝局所的な回収〟の装置は数十年前から存在したが、購入にも稼働にも高額の費用がかかり、関係する温室効果ガスの九〇パーセントしか通常は回収できず、電力会社はそれを設置してもなんの利益も得られなかった。そのため、ほとんど使用されていない。賢明な公共政策を導入すれば、炭素回収を利用するインセンティブをつくりだせるはずだ。これについては第10章と第11章で論じたい。

先に僕は、これと関係する直接空気回収（ＤＡＣ）という技術を紹介した。まさにその名のとおり、炭素を空気から直接回収する技術である。ＤＡＣはどこでもできるので、局所的な回収方法よりも柔軟性がある。そしてこれは、ゼロを達成するにあたってきわめて重要な役割を果たす可能性がある。米国科学アカデミーの研究によると、今世紀なかばまでに年間一〇〇億トン、世紀末までに年間二〇〇億トンの炭素を取り除く必要があるからだ(16)。

しかし、ＤＡＣは局所的な回収方法よりも技術的にはるかにむずかしい。空気中の二酸化炭素の濃度は低いからだ。石炭火力発電所から直接排出されたときには、二酸化炭素の濃度は高く一〇パーセントほどだが、大気に出ると広く分散する。ＤＡＣはそこで稼働するのだ。大気から無作為に分子をひとつ取り出すと、それが二酸化炭素である確率はわずか二五〇〇分の一である。

企業は二酸化炭素をよりよく吸収する新素材の研究をすすめていて、それが実を結べば局所的な回収もＤＡＣもいまより安く効率的にできるようになる。また、現在のＤＡＣの方法では、温室効果ガスを回収して集め、安全に貯蔵するのに多くのエネルギーが求められる。こうした作業をおこなうには、多少なりともエネルギーが必要だ。物理の法則によって、最低限必要な量は決まっている。しかし、最新の技術はその最低必要量よりもはるかに多くのエネルギーを使用しているので、おおいに改善の余地がある。

電力使用量を減らす。 僕は、電力をもっと効率的に使えば気候変動にプラスの影響を与えられるという考えをばかにしていた。排出削減のための資金が限られているのなら（実際、限られている）、エネルギー需要を減らすのに多額の費用をかけるより、排出ゼロへと向かうほうがよほど大きな成果を得られると考えていたからだ。

いまでもこの考えを完全に捨てたわけではないが、太陽光と風力による発電を大幅に増やすのにどれだけの土地が必要かを知って考えを軟化させた。石炭火力発電所と同じ量の電気をつくるのに、太陽光発電所では五〜五〇倍、風力発電所では太陽光発電所の一〇倍の広さの土地が必要なのだ。クリーン電力一〇〇パーセントを実現する可能性を高めるために、できることはなんでもすべきだ。可能なかぎり電力需要を減らせば、その手助けになる。一〇〇パーセント実現に必要な規模を小さくするものは、すべて役に立つ。

これと関係する方法に、負荷移行や需要移行と呼ばれるものがある。一日のなかで電力をより均等に使うものだ。大きな規模で負荷移行をおこなえば、生活のなかでの電気の使い方について、考え方がかなり大きく変わる。現在、電気は使用される時間帯につくられることが多い。たとえば、街の明かりを灯すために夜に発電所の出力を上げる。しかし、負荷移行をすればそれが反対になる。つまり、最も安く発電できるときにたくさん電気を使うのだ。

たとえば、電気温水器のスイッチを午後七時ではなく電力需要の低い午後四時にオンにできるかもしれない。あるいは、一日を終えて家に帰ったら電気自動車をコンセントにつなぎ、午前四時に自動的に充電をはじめるようにもできる。その時間帯は利用者が少なく電気が安い。産業のレベルでは、下水処理や水素燃料の製造など、エネルギーを大量に使う作業は、電気が最も安い時間帯にすればいい。

負荷移行が大きな効果をもたらすには、政策の変更と技術の進歩が求められる。たとえば電力会社は、一日の需要と供給の変化を考慮に入れて料金を変更する必要があり、電気温水器や電気自動車は、この料金情報を最適のかたちで利用してそれに対応できる性能を備えていなければならない。それに、電気が特に不足したときなど極端な場合には、需要を減らせるようにすべきだ。つまり、最も必要性の高いところ（たとえば病院）へ優先的に電気を配給し、重要度の低い活動は停止するのである。

念のために言っておくと、こうしたアイデアはすべて追求しなければならないが、おそらく最終的には、電力網を脱炭素化するのにすべてが必要になるわけではない。一部のアイデアはほかと重複する。たとえばブレークスルーが実現して水素を安くつくれるようになれば、魔法のバッテリーをつくる必要はあまりなくなる。

確実にいえるのは、炭素ゼロの電気を手頃な価格で、安定して、いつでも必要なときに供給できる新しい電力網をつくる具体的な計画が必要だということだ。魔法のランプから精霊が出てきて、願い事をひとつ叶えてあげようと言われたとする。気候変動の原因になっている活動をひとつだけ選び、実現を望むブレークスルーをひとつだけ挙げろと言われたら、僕は発電を選ぶだろう。物質的な経済のほかの部分を脱炭素化するのに、発電が大きな役割を果たすことになるからだ。次章では、そのなかの第一のもの、鋼鉄やセメントなどの製造を見ていきたい。

第5章　ものをつくる

年間五一〇億トンの三一パーセント

自宅のあるワシントン州メディナから、シアトルにあるゲイツ財団本部までは、車で一三キロメートルだ。オフィスに向かうときには、〝エヴァーグリーン・ポイント浮橋〟という橋を通ってワシントン湖を渡る。ただ、周辺の住民はこの橋を正式名称では呼ばない。〝五二〇号橋〟と呼ぶ。その橋には州道五二〇号線が通っているからだ。二・三キロメートルを超える、世界最長の浮橋である。

五二〇号橋を渡るときには、よくそのすごさに感心する。世界最長の浮橋であることにではなく、橋が浮かんでいることにだ。何トンものアスファルト、コンクリート、鋼鉄でできていて、常に何百台もの車が走っているこの巨大建造物が、どうして湖面に浮かんでいるのか。いったいどうして沈まないのだろう。

答えは、驚くべき資材によって可能になった工学の奇跡にある。コンクリートだ。奇妙なこと

自宅からゲイツ財団本部へ車を走らせるときにいつも通るシアトルの 520 号橋。現代工学の驚異だ。[2]

のように思われるかもしれない。コンクリートと聞くと重たいブロックを思い浮かべるのが普通で、とても浮くとは思えないだろう。たしかにコンクリートはそういうものにもできて、病院の壁のように放射線を吸収してしまえるほど堅固なものにもできるが、なかが空洞の型をつくるのにも使える。空気で満たされた耐水の橋脚舟《ポンツーン》もその一例で、五二〇号橋を支えるのに七七個が使用されている。一つひとつの重さは数千トンあるが、浮揚性があって湖面に浮かび、頑丈で、橋とその上を走るすべての自動車を支えられる。[1] 渋滞する時間帯には毎日、自動車は走るというよりも連なってじりじりとすすむのだが、それでも支えられるのだ。

あなたの身のまわりでも、コンクリー

トが奇跡を起こしている例をすぐに見つけられるはずだ。錆びず、腐らず、燃えないので、現代のほとんどの建築物で使われている。水力発電をひいきにする人は、ダムの建設を可能にしているコンクリートに感謝しなければならない。次に自由の女神を目にするときには、その台座を見てもらいたい。二万七〇〇〇トンのコンクリートでできている。(3)

アメリカで最も偉大な発明家も、コンクリートに魅了されていた。トーマス・エジソンは、家をまるまるコンクリートでつくろうとした。ベッドなどの家具もコンクリートでつくろうと夢見て、さらにコンクリートの蓄音機まで設計しようとしたのだ。(4)

このようなエジソンの空想が実現することはなかったが、それでもコンクリートは大量に使用されている。毎年、既存の道路、橋、建物をつくりかえたり修繕したり、新しいものをつくったりするために、アメリカだけで九六〇〇万トンを超えるセメントが製造されている。セメントはコンクリートの主材料のひとつだ。計算すると、アメリカ人ひとりあたり二七〇キログラムほどの使用量になる。なお、それでも最大の消費国はアメリカではない。中国だ。中国では二一世紀最初の一六年間で、アメリカで二〇世紀につくられた総量よりも多くのコンクリートが製造された。

当然ながら、僕たちが依存している資材はセメントとコンクリートだけではない。鋼鉄も自動車や船舶や列車、冷蔵庫やこんろ、工場機械、缶詰、さらにはパソコンでも使われている。鋼鉄は強くて安く、耐久性があり、永久にリサイクルできる。それにコンクリートとの相性もまさに

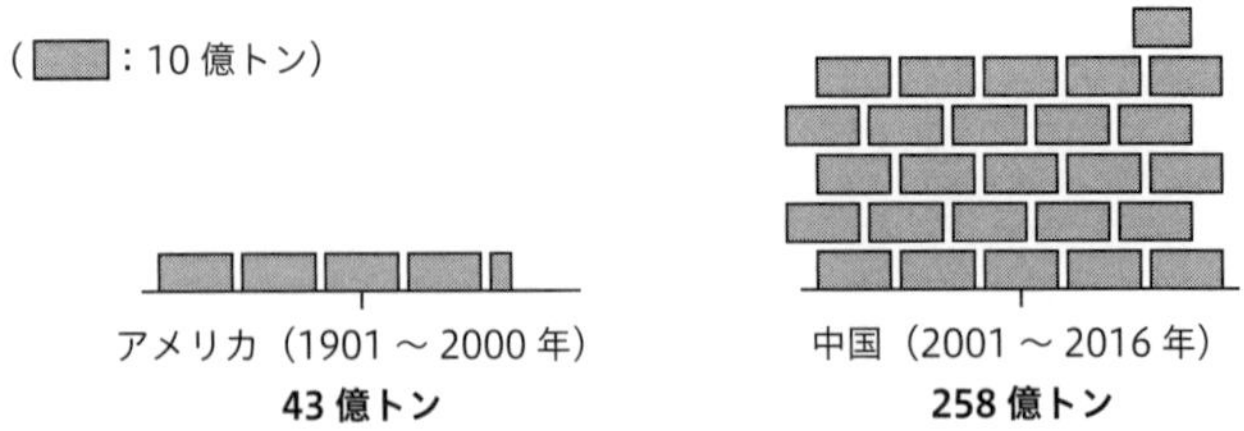

中国では大量のセメントが製造されている。中国では、アメリカで20世紀につくられた総量よりも多くのセメントが21世紀にすでに製造された（出典：米国地質調査所）。[(5)]

ぴったりだ。鋼鉄の棒をコンクリートブロックに挿入すると、何トンもの重さに耐え、曲げても壊れない魔法の建設資材になる。ほとんどの建物や橋で鉄筋コンクリートが使われているのはそのためだ。

アメリカ人は、セメントと同じぐらいの量の鋼鉄を使っている。つまり毎年ひとりあたり二七〇キログラムで、この数字にはリサイクルして再利用する鋼鉄は含まれていない。

プラスティックも驚くべき資材だ。洋服や玩具から家具、自動車、携帯電話まで、あまりにも多くの製品で使われていて、すべてを挙げることはとてもできない。プラスティックはいまは評判が悪く、それはある程度は妥当な評価だ。しかし、プラスティックには利点もたくさんある。机の前に座ってこの章を書いている僕のまわりにも、プラスティックがあふれている。パソコン、キーボード、ディスプレイ、マウス、ステープラ、携帯電話、などなどだ。プラスティックのおかげで、車はとても軽くなり燃費が上がっている。燃費のいい自動車では、プラスティックが体積の半分ほどを占めるが、重さではわずか一〇パーセント分にすぎない(6)。

それにガラスもある。窓、広口や細口の瓶、断熱材、自動車、高速インターネット回線の光ファイバー・ケーブルなどに使われている。アルミニウムは炭酸飲料の缶、アルミホイル、電線、ドアノブ、列車、飛行機、ビール樽に使用されている。肥料は世界に食糧を供給するのに役立っている。ずっと昔に僕は紙が消えると予想したが、電気通信が広がってスクリーンがどこでも使えるようになったいまも、すぐになくなる気配はない。

つまり僕たちはさまざまな資材をつくっていて、それらは電気と同じぐらい現代の生活に欠かせない。それらが手放されることはない。それどころか、世界の人口が増えて豊かになるにつれて、使用量はさらに増えるだろう。

この主張を裏づけるデータが山ほどある。たとえば、二一世紀なかばには、いまより五〇パーセント多くの鋼鉄が製造されていると見こまれる。一四〇頁に示す二枚の写真には、そういうデータと同じぐらい説得力があるだろう。

この二枚の写真を見てもらいたい。ふたつの異なる街に見えるのではないだろうか。

実はそうではない。どちらも上海の写真で、同じ視点から撮られている。左は一九八七年に撮影されたもので、右は二〇一三年のものだ。右の写真の新しい建物を見ると、大量の鋼鉄、セメント、ガラス、プラスティックが目に浮かぶ。

上海ほど劇的でなくても、同じことは世界中で起こっている。本書で繰り返し登場するテーマ

この２枚の写真は、よくも悪くも成長の姿をとらえている。1987年（左）と2013年（右）の上海だ。[7]

をここでも強調しておこう。この進歩はいいことだ。この二枚の写真に示されている急成長によって、人びとの暮らしはあらゆる面で向上した。収入が増え、よい教育を受けられるようになり、早死にする可能性は減った。貧困との闘いに関心をもつ者なら、これはいいことだと思うはずだ。

しかし、本書で何度も登場する別のテーマも強調しておきたい。このすばらしい進歩にはマイナス面もある。これらの資材をつくるときには、温室効果ガスが排出される。実のところ、世界の排出量の三分の一がこうした資材の製造によるものだ。そして、コンクリートをはじめとするいくつかの資材は、炭素を出さずに製造する実用的な方法がない。

そこで、この難題をいかに解決できるのかを考えよう。人間が暮らせる気候を保ちながら、これらの製造をつづけるにはどうすればいいのか。簡潔にするために、ここでは最も重要な三つの資材に対象を絞りたい。鋼鉄、コンクリート、プラスティックだ。第4章の電気と同じように、これまでの経緯を見て、なぜこれらの資材が気候にとって大きな問題なのか説明する。そして現在の技術を使った排出削減にかかるグリーン・プレミアムを計算し、グリーン・プレミアムを下げて、これらをすべて炭素を排出せずにつくる方法を検討する。

鋼鉄の歴史は、およそ四〇〇〇年前にまで遡《さかのぼ》る。鉄器時代から現在の安くて汎用性のある鋼鉄にたどり着くまでの何世紀ものあいだに、さまざまなすばらしい発明があった。ただ、これまでの僕の経験では、溶鉱炉とパドル炉とベッセマー法のちがいについて長々と話を聞きたがる人はあまりいない。したがって、ここでは知っておくべき主要な点だけ説明することにしたい。

鋼鉄が好まれるのは、強度があって、しかも熱すれば簡単にかたちを変えられるからである。鋼鉄をつくるには純鉄と炭素が必要だ。鉄だけではあまり強度がないが、適量の炭素（一パーセント未満で、つくりたい鋼鉄の種類によって異なる）を加えると炭素原子が鉄原子のあいだにはいって根を張り、完成した鋼鉄にその最も重要な特性である強度を与える。

炭素も鉄も入手はむずかしくない。炭素は石炭からとれるし、鉄は地殻に広く含まれる元素である。しかし純鉄はめったに存在しない。鉄を掘り出そうとすると、ほぼ必ず酸素やその他の元素と結合した鉄鉱石という混合物だからだ。

鋼鉄をつくるには、まず鉄から酸素を切り離し、そのあとに炭素を少量加える必要がある。このふたつは同時にできる。コークスと呼ばれる石炭の一種と酸素と一緒に、鉄鉱石を非常に高温（摂氏一七〇〇度超）で溶かすのだ。これだけの高温になると、鉄鉱石から酸素が分離し、コークスから炭素が出る。その炭素の一部が鉄と結びついて、求めている鋼鉄になり、残りの炭素は酸素をつかまえて、求めていない副産物ができる。二酸化炭素だ。実際、かなりの量の二酸化炭素ができる。一トンの鋼鉄をつくると、およそ一・八トンもの二酸化炭素が発生する。

なぜこのやり方で鋼鉄をつくるのか。安くできて、気候変動を心配しだすまではほかのやり方をするインセンティブがなかったからだ。鉄鉱石は簡単に掘り出せる（したがって費用があまりかからない）。石炭も地中に大量にあるので安く手にはいる。

したがって、世界では鋼鉄の生産は増えつづけるだろう。アメリカでは生産量は基本的に横ばいだ。中国、インド、日本など、アメリカより多くの粗鋼を製造している国がすでにいくつかあり、二〇五〇年には世界で年間およそ二八億トンが製造されている見こみである。つまり、新たに環境にやさしい製造方法を見つけなければ、今世紀なかばには製鋼だけで毎年最大五〇億トンもの二酸化炭素を排出することになる。

困難な課題だと思うかもしれないが、コンクリートの状況はさらに厳しい。コンクリートは、砂利、砂、水、セメントを混ぜてつくる。最初の三つはさほど厄介ではないが、セメントが気候にとって問題になる。

セメントをつくるにはカルシウムが必要だ。カルシウムを手に入れるには、石灰石をほかのいくつかの材料とともに炉で燃やす。石灰石には、カルシウムのほかに炭素と酸素が含まれている。炭素と酸素が含まれているので、おそらくこの先はわかるだろう。石灰石を燃やしたあと、求めているセメント用の酸化カルシウムができ、それに加えて、求めていない二酸化炭素ができるわけだ。この過程を経ることなくセメントをつくる方法はない。これは化学反応だ。〝石灰石＋熱＝酸化カルシウム＋二酸化炭素〟であり、それ以外はありえない。これは一対一の関係で、セメントを一トンつくれば二酸化炭素も一トン発生する。

また鋼鉄と同じく、この先セメントが生産されなくなる理由はない。中国がほかを大きく引き離して世界最大の生産国であり、二位のインドの七倍、ほかのすべての国を合わせた量よりもたくさん生産している[8]。これから二〇五〇年までのあいだに、世界の年間セメント生産量はやや増える。建設ブームが中国で落ちつき、より小さな発展途上国で加速するからだ。その後は、現在とほぼ同じ水準の年間四〇億トンに戻る[9]。

セメントや鋼鉄と比べると、プラスティックは赤ん坊のようなものだ。人間はゴムなどの天然のプラスティックを何千年も前から使ってはいたが、合成プラスティックが登場したのは一九五〇年代だ。これは化学工学におけるいくつかのブレークスルーのおかげである。いまは二ダースを超える種類のプラスティックがあり、ヨーグルト容器のポリプロピレンなどの想像しやすいものから、塗料、床用ワックス、洗濯用洗剤に含まれるアクリル、ボディソープやシャンプーにはいっているマイクロプラスティック、防水ジャケットのナイロン、一九七〇年代に僕が着ていた恥ずかしい服のポリエステルなど、より意外なものまでさまざまだ。

これらのさまざまな種類のプラスティックには、ひとつ共通点がある。炭素が含まれるということだ。実際、炭素はさまざまな元素と簡単に結合するので、ありとあらゆる資材をつくるのに役立つ。プラスティックの場合は、たいてい水素と酸素と結びつけられる。

ここまで読んできた人なら、プラスティックを製造する企業がどこから炭素を入手するかを聞いても、おそらく驚かないだろう。石油や石炭、天然ガスを精製して、その精製品をさまざまな方法で処理することで炭素を手に入れるのだ。ここから、プラスティックが安い理由がわかる。セメントや鋼鉄と同じで、プラスティックが安いのは化石燃料が安いからだ。

しかしある重要な点で、プラスティックはセメントや鋼鉄と根本的に異なる。セメントや鋼鉄をつくるときには、副産物として必ず二酸化炭素が出る。しかしプラスティックをつくるときには、炭素のおよそ半分はプラスティックのなかにとどまる（プラスティックの種類によって実際の割合は異なるが、およそ半分というのは妥当な近似値だ）。炭素は酸素と水素と結びつくのが大好きで、なかなか離れようとしない。プラスティックは分解に何百年もの時間がかかることがある。

これは環境にとって大問題だ。ごみ埋め立て地や海に捨てられたプラスティックは、一〇〇年以上もそのまま残るからだ。この課題は解決したほうがいい。海に浮かぶプラスティックは、海洋生物を汚染するなどさまざまな問題を生む。しかしこれは気候変動に悪影響を与えるわけではない。排出だけを見ると、プラスティックの炭素はそれほど大きな問題ではない。プラスティックは分解にとても長い時間がかかるため、そこに含まれる炭素原子が（少なくともかなり長いあいだは）大気に出ていくことはなく、気温を上昇させることもないからだ。

ここでいったん話を止めて強調しておきたい。いま見ているのは、現在製造されている資材のなかで最も重要な三つだけだ。肥料、ガラス、紙、アルミニウム、その他多くのものは取り上げていない。しかし要点は同じだ。僕たちは大量の資材を製造し、その結果、年間五一〇億トンの三分の一近くというおびただしい量の温室効果ガスを排出している。これをゼロまで減らす必要があるが、ものをつくるのをやめるのは選択肢にならない。本章の残りの部分では、ほかの選択肢を検討し、グリーン・プレミアムがいかに高いかを見たうえで、どうすればテクノロジーによってプレミアムを下げ、だれもが排出ゼロの方法を採用したいと思えるようになるかを考える。

さまざまな資材のグリーン・プレミアムを計算するには、製造のどの時点で温室効果ガスが排出されるかを理解しておく必要がある。僕はそれを三つの段階で考えている。（一）工場を稼働させるのに必要な電気を化石燃料を使ってつくるとき。（二）鉄鉱石を溶かして鋼鉄をつくるなど、さまざまな製造工程に必要な熱を化石燃料を使って発生させるとき。（三）セメントの製造時に二酸化炭素が必然的に発生するように、実際にその資材をつくるとき。これらをひとつずつ取り上げて、それらがいかにグリーン・プレミアムを引き上げているかを見ていこう。

第一段階の電気については、第4章で重要課題のほとんどを取り上げた。蓄電と送電を計算に入れ、多くの工場で二四時間安定した電力が必要とされることを考慮に入れると、クリーンな電気のコストはたちまち上昇する。ほとんどの国では、アメリカやヨーロッパよりもはるかに上昇の幅が大きい。

次に第二段階を考えよう。化石燃料を燃やさずに熱を発生させるにはどうすればいいか。超高温を必要としないのであれば、電気ヒートポンプなどの技術を使えばいい。しかし数千度の高温が必要な場合には、電気は少なくとも現在の技術では経済的な選択肢とはいえない。原子力を使うか、炭素回収装置を使用して化石燃料を燃やすか、そのいずれかが必要になる。残念ながら炭素回収は無料ではできない。製造者のコストが上がり、それを消費者が負担することになる。

最後に第三段階だ。温室効果ガスがかならず排出される工程については、何ができるのか。思いだしてもらいたい。鋼鉄やセメントをつくるときには、二酸化炭素が発生する。これは化石燃料を燃やすためだけでなく、製造に不可欠な化学反応の結果でもある。

現時点では、答えははっきりしている。製造業部門のうち、これらの部分を単純に閉鎖する以外に排出を避ける手段はない。現在利用できる技術を総動員して全力で排出除去に取り組むとしても、選択肢は第二段階と同じぐらい限られている。化石燃料と炭素回収を使うしかないのだ。そうすると、やはりコストが上がる。

この三つの段階を念頭に置き、クリーンなプラスティック、鋼鉄、セメントをつくるために炭

プラスティック、鋼鉄、セメントのグリーン・プレミアム[10]

資材	１トンあたりの平均価格	製造される資材１トンあたりの炭素排出量	炭素回収を加えた際の価格	グリーン・プレミアムの幅
エチレン（プラスティック）	$1,000	1.3 トン	$1,087–$1,155	**9–15%**
鋼鉄	$750	1.8 トン	$871–$964	**16–29%**
セメント	$125	１トン	$219–$300	**75–140%**

素回収を利用した場合、グリーン・プレミアムがどれほどになるのか見てみよう。

セメントを除けば、プレミアムはさほど高く感じられないかもしれない。たしかに場合によっては、消費者はほとんど負担を感じない可能性がある。たとえば、三万ドルの自動車に一トンの鋼鉄が使われているとする。この鋼鉄が七五〇ドルでも九五〇ドルでも、自動車全体の値段にはほとんど影響しないだろう。自動販売機で二ドルで買ったペットボトルのコカ・コーラでも、全体の値段にプラスティックが占めるのはごくわずかだ。

しかし、問題は消費者が払う最終的なコストだけではない。あなたがシアトル市の技術者で、数ある橋のひとつを修理するために入札業者を審査しているとする。ある業者はセメント一トンあたり一二五ドルを計上していて、別の業者は炭素回収のコストを加えて二五〇ドルを計上している。この場合、どちらを選ぶだろうか。炭素ゼロのセメントを選ぶなんらかのインセンティブがなければ、安いほうを選択するだろう。

あるいは、あなたが自動車メーカーの経営者だったら、仕入れる鋼鉄に追加で二五パーセントの費用をかけようと思うだろうか。おそらくそんな気にはならないだろう。競合他社が安い製品を使いつづけるのなら、なおのことだ。自動車全体の値段はほんのわずかしか上がらなくても、たいした慰めにはならない。利鞘《りざや》はすでに小さいので、最も重要な物資のひとつが二五パーセントも値上がりするのはいやだろう。利鞘の少ない業界では、二五パーセントのプレミアムは会社の存亡を分かちかねないちがいだ。

一部の業界の一部の製造業者は、気候変動との闘いで自分たちがすべきことをしていると主張できるように、コストを負担しようとするかもしれない。しかしプレミアムがこれだけ高いと、ゼロ達成に必要な体系的な変化を起こすことはできないだろう。また、消費者がグリーンな製品をもっと求めた結果、価格が下がるのを期待することもできない。そもそもセメントや鋼鉄を買うのは消費者ではない。大企業だ。

プレミアムを下げるには、さまざまな方法がある。ひとつは公共政策によってクリーンな製品の需要を生むことだ。たとえば炭素ゼロのセメントや鋼鉄を購入するインセンティブをつくったり、場合によってはその義務を課したりといった具合である。法律で義務づけられたり、顧客に求められたり、競合他社がやっていたりすると、企業がクリーンな資材にプレミアムを払う可能性はずっと高くなる。この点については第10章と第11章で取り上げたい。

しかし決定的に重要なのは、製造工程のイノベーションが必要であり、炭素を排出せずにものをつくる方法が必要だということだ。いくつかの可能性を見てみよう。

本章で取り上げた資材のうち、最も厄介なのがセメントだ。〝石灰石＋熱＝酸化カルシウム＋二酸化炭素〟という単純な事実は避けられないからだ。しかし、多くの企業が有望なアイデアをもっている。

そのひとつが、リサイクルした二酸化炭素（場合によっては、セメントの製造過程で回収したもの）をセメントに再度注入してから建設現場で使用する方法だ。このアイデアを追求している会社には、マイクロソフトやマクドナルドなどすでに数十社の顧客がついている。いまのところ排出量は一〇パーセントほどしか削減できないが、最終的には三三パーセントに達する見こみである。また、仮説段階にある別の方法では、海水と発電所から回収した二酸化炭素を使ってセメントをつくる。このアイデアの発明者たちは、最終的に七〇パーセントを超える排出削減ができると考えている。

しかし、これらの方法がうまくいったとしても、一〇〇パーセント炭素を排出しないセメントをつくることはできない。当面は炭素回収と（実用的になれば）直接空気回収（ＤＡＣ）をあてにして、セメント製造時に出る炭素を回収するしかないだろう。

ほかのほぼすべての資材についていえば、まず必要なのは、安定して供給されるクリーンな電気をじゅうぶんに確保することだ。世界の製造部門で使われる全エネルギーのおよそ四分の一はすでに電気でまかなわれている。これらの工業プロセスをすべて動かすには、既存のクリーン

・エネルギー技術を展開するとともに、炭素ゼロの電気を低コストでつくり、蓄えられるようにするブレークスルーが必要だ。

また、近いうちに電気の需要はさらに増える。排出削減のひとつの手段として、電化が推進されるからだ。これは、工業プロセスのどこかで化石燃料の代わりに電気を使う手法である。たとえば、製鋼におけるすばらしい方法のひとつが、石炭の代わりにクリーンな電気を使うというものだ。僕が注目している企業が、溶融酸化物電気分解と呼ばれる新しい方法を開発している。高炉でコークスとともに鉄を燃やす代わりに、電解槽に溶融酸化鉄とその他の材料の混合物を入れて電気を通す。すると電気によって酸化鉄が分解されて鋼鉄に必要な純鉄ができ、その副産物として純酸素ができる。二酸化炭素はまったく発生しない。これは、アルミニウムの純度を高めるために一〇〇年以上使われてきた手法と似ていて有望だが、ほかのクリーンな鋼鉄のアイデアと同じで、産業規模でうまく機能するかはまだわからない。

クリーンな電気があれば、もうひとつの問題の解消にも役立つ。プラスティックの製造だ。うまくいけば、プラスティックはいずれ炭素吸収源になるかもしれない。つまり、炭素を排出するのではなく除去する手段になる可能性があるのだ。

それは次のような仕組みで機能する。まず、炭素を出さずに精製のプロセスを動かす手段が必要だ。クリーンな電気か、クリーンな電気でつくった水素を使えばいい。次に、プラスティックに必要な炭素を石炭を燃やすことなく手に入れる方法が求められる。空気から二酸化炭素を取り出し、そこから炭素を抽出するというアイデアもあるが、これはコストのかかる方法だ。そのほかにもさまざまな企業が、植物から炭素を入手する方法に取り組んでいる。最後に、炭素を排出しない熱源が必要だ。これもおそらくクリーンな電気か水素を使うか、あるいは天然ガスを使って、排出される炭素を装置で回収することになる。

もしこれがすべてうまくいけば、プラスティック製造時の炭素排出量を実質マイナスにできる。つまり空気中から（植物やその他の方法を使って）炭素を取り出し、それをペットボトルなどのプラスティック製品に使うことで、さらなる炭素を排出することなく数十年から数百年のあいだそこに閉じこめておけるのだ。排出するより多くの炭素を貯めておくことになる。

排出ゼロで資材をつくる方法を見つけるほかに、資材を使う量を単純に減らすこともできる。鋼鉄、セメント、プラスティックのリサイクル量を増やすだけでは温室効果ガスを除去することはできないが、それでも役には立つ。いまよりもっと多くのものをリサイクルできるし、リサイクルに必要なエネルギー量を減らす新しい方法も模索すべきだ。また、リサイクルよりも再利用のほうが求められるエネルギーは大幅に少ないので、資材を再利用して建物やものをつくる方法を考えなければならない。最後に、セメントや鋼鉄の使用を減らすことを目標にして建物や道路を設計することもできるし、何層もの材木を接着してひとつにまとめた〝クロス・ラミネイティド・ティンバー〟（ＣＬＴ）にはじゅうぶんな強度があるので、場合によってはセメントや鋼鉄の代わりに使える。

まとめると、製造における排出ゼロへの道は次のようになる。

１　可能なかぎりすべての工程を電化する。 そのためには多くのイノベーションが必要だ。

２　脱炭素化された電力網からその電気を獲得する。 これにも多くのイノベーションが求められる。

３　残った排出分には炭素回収を用いる。 これもイノベーションが必要。

４　資材をもっと効率的に利用する。 右に同じ。

このテーマはよく頭に叩きこんでおいてもらいたい。以降の章で何度も目にすることになる。

次は農業だ。登場するのは、二〇世紀最大級の陰のヒーローと、げっぷをする乳牛でいっぱいの農場である。

第6章　ものを育てる

年間五一〇億トンの一九パーセント

僕の家族にはチーズバーガーの血が流れている。子ども時代には、ボーイスカウトの仲間たちとハイキングに行くと、みんな僕の父の車に乗って帰りたがった。寄り道してみんなにハンバーガーをおごってくれるからだ。それから何年ものち、マイクロソフトを立ち上げて間もないころには、近くのバーガーマスターで昼食、夕食、夜食に数え切れないくらいハンバーガーを食べた。バーガーマスターは、シアトル地域で最も古くからあるハンバーガー・チェーンのひとつだ。

その後、マイクロソフトは成功を収めたが、メリンダと僕が財団を立ち上げる前に、父は家の近所のバーガーマスターを非公式のオフィスとして使いはじめた。店の席に座って昼食をとりながら、寄附を求める人たちからのリクエストに目を通して選別するのだ。しばらくするとそれが世間に知られ、父あての手紙が店に届くようになった。「バーガーマスター気付、ビル・ゲイツ・シニア」

これは大昔の話だ。父がバーガーマスターのテーブルを去って財団のデスクを使うようになってから、すでに二〇年が経った。僕はいまでもおいしいチーズバーガーが大好きだが、昔ほど頻繁には食べなくなった。牛肉やその他の肉が気候変動に与える影響を知ったからだ。

食用に動物を育てることは、温室効果ガス排出の大きな一因である。専門家が「農業、林業、その他の土地利用」と呼ぶ部門のなかで最大の排出源だ。ちなみにこの部門には、家畜の飼育から作物の栽培、木々の伐採まで、広範囲に及ぶ人間の活動が含まれる。それにこの部門には、幅広くさまざまな種類の温室効果ガスが関係している。農業では最大の悪者は二酸化炭素ではなくメタンと亜酸化窒素だ。二酸化炭素と比べると、メタンは一〇〇年間で分子ひとつあたり二八倍、亜酸化窒素はなんと二六五倍もの温暖化を引き起こす。

メタンと亜酸化窒素の年間排出量を合わせると、二酸化炭素七〇億トン超に相当する。農業、林業、その他の土地利用部門の全温室効果ガスの八〇パーセントを超える量だ。これに歯止めをかけなければ、人口が増えて豊かになる世界に合わせて食料を生産するうちに、排出量はさらに増えていく。排出実質ゼロに近づくには、温室効果ガスを減らし、最終的には除去しながら、動植物を育てる方法を考え出さなければならない。

また、課題は農業だけではない。森林破壊やその他の土地利用についても対処する必要がある。両者を合わせると正味一六億トンの二酸化炭素を大気中に排出していて、野生生物に欠かせない生息環境も破壊している。(1)

これだけ幅広い話題を扱うので、本章ではさまざまなことを少しずつ取り上げる。僕にとってヒーローのひとりである、ノーベル平和賞を受賞した耕種学者のことも紹介する。一〇億人を飢餓から救ったにもかかわらず、開発援助の世界以外ではあまり知られていない人物だ。また、豚の糞尿や牛のげっぷのすべてとアンモニアの化学を検討し、植林が気候大災害を防ぐのに役立つか否かも考える。しかし、こうした話題に取りかかる前に、まちがっていたことが歴史によって証明された有名な予測の話からはじめよう。

一九六八年、ポール・エーリックというアメリカの生物学者が『人口爆弾』という本を出してベストセラーになった。そこで描かれているのは、小説『ハンガー・ゲーム』のようなディストピア的世界観に近い未来だ。「人類のすべてに食糧を与えようという戦いをこれ以上進めるのは、もはや不可能である」とエーリックは書く。「いまいかなる緊急計画に着手したとしても、一九七〇年代と八〇年代には何億もの人が餓死する」。エーリックはまた次のようにも書いている。「一九八〇年までにインドがあと二億人もの人を養えるようになるとはどうしても思えない[2]」

この予想はどれも当たらなかった。『人口爆弾』が刊行されてからインドの人口は八億人以上増え、現在では一九六八年の倍を超えているが、インドでは当時の三倍の小麦と米が生産されていて、国内経済は五〇倍に成長している[3]。アジアと南アメリカのほかの多くの国でも、農家の生産性は同じく向上した。

その結果、地球上の人口は増えているのに、インドでもほかの場所でも、何億もの人が餓死したりはしていない。それどころか、食料はむしろ安価になっている。アメリカでは平均的な家庭が食品にかける費用は三〇年前より減っていて、この傾向は世界のほかの場所でも同じだ(4)。

一部の場所で栄養不良が重大な問題であることを否定したいわけではない。実際それは深刻だ。世界で最も貧しい人たちの栄養状態を改善することが、メリンダと僕の最優先課題のひとつでもある。しかし、人類の大勢が飢えるというエーリックの予測はまちがっていた。

なぜか。エーリックら暗い未来を予言していた者たちは、何を見逃していたのだろうか。

彼らは、イノベーションの力を考慮に入れていなかったのだ。優秀な植物科学者、ノーマン・ボーローグのような人物のことを考えていなかった。彼が火付け役になった農業革命が、インドやその他の場所に恩恵をもたらしたのだ。ボーローグは、大きな穂などの特徴を備え、一エーカーあたりの土地ではるかに多くの食料を供給できる小麦の品種を開発した。農家の収穫増が実現したのである(穂を大きくするとその重さで小麦が倒れてしまうことがわかったので、ボーローグは茎を短くした。そのため、ボーローグが開発した品種は半矮性《はんわいせい》の小麦と呼ばれている)。

ボーローグの半矮性の小麦が世界中に広がり、ほかの品種改良家たちがトウモロコシと米で同様の仕事をしたことで、ほとんどの地域で収穫高は三倍になった。飢餓は急減し、ボーローグは現在、一〇億人の命を救ったとして広く評価されている。一九七〇年にノーベル平和賞を受賞し、彼の仕事の影響はいまでも感じられる。地球上で育てられているほぼすべての小麦が、ボーローグの生み出した苗に由来するのだ（これら新品種の欠点は、完全に生長させるのに肥料を大量に必要とすることだ。のちの節で論じるように、肥料にはマイナスの副作用がある）。史上最も偉大なヒーローのひとりが、ほとんどだれも聞いたことのない〝耕種学者〟という仕事をしていた人物であるということを、僕はとても気に入っている。

そのノーマン・ボーローグは、気候変動となんの関係があるのか。

世界の人口は二一〇〇年までに一〇〇億人に近づいていき、すべての人を飢えさせないようにするには、さらに多くの食料が必要になる。今世紀末には人口が四〇パーセント増えているので、食料も四〇パーセント増やす必要があると考えるのが自然だろうが、実はそうではない。さらに多くの食料が求められる。

なぜか。人びとが豊かになると、より多くのカロリーを摂取するようになり、とりわけ肉と乳製品をたくさん食べるようになる。そして、肉と乳製品を生産するために、さらに多くの食料を育てる必要が出てくるのだ。たとえばニワトリは、人間に一キロカロリー分の鶏肉を提供するのに二キロカロリー分の穀類を食べなければならない。つまり、鶏肉を食べて得られるカロリーの二倍をニワトリに与える必要があるわけだ。豚は人間が豚肉を食べて得られるカロリーの三倍のカロリーを摂取する。この割合が最も大きいのが牛で、牛肉一キロカロリーあたり六キロカロリーを必要とする。要するに肉から摂るカロリーが増えれば増えるほど、その肉のために多くの植物を育てなければならなくなるのだ。

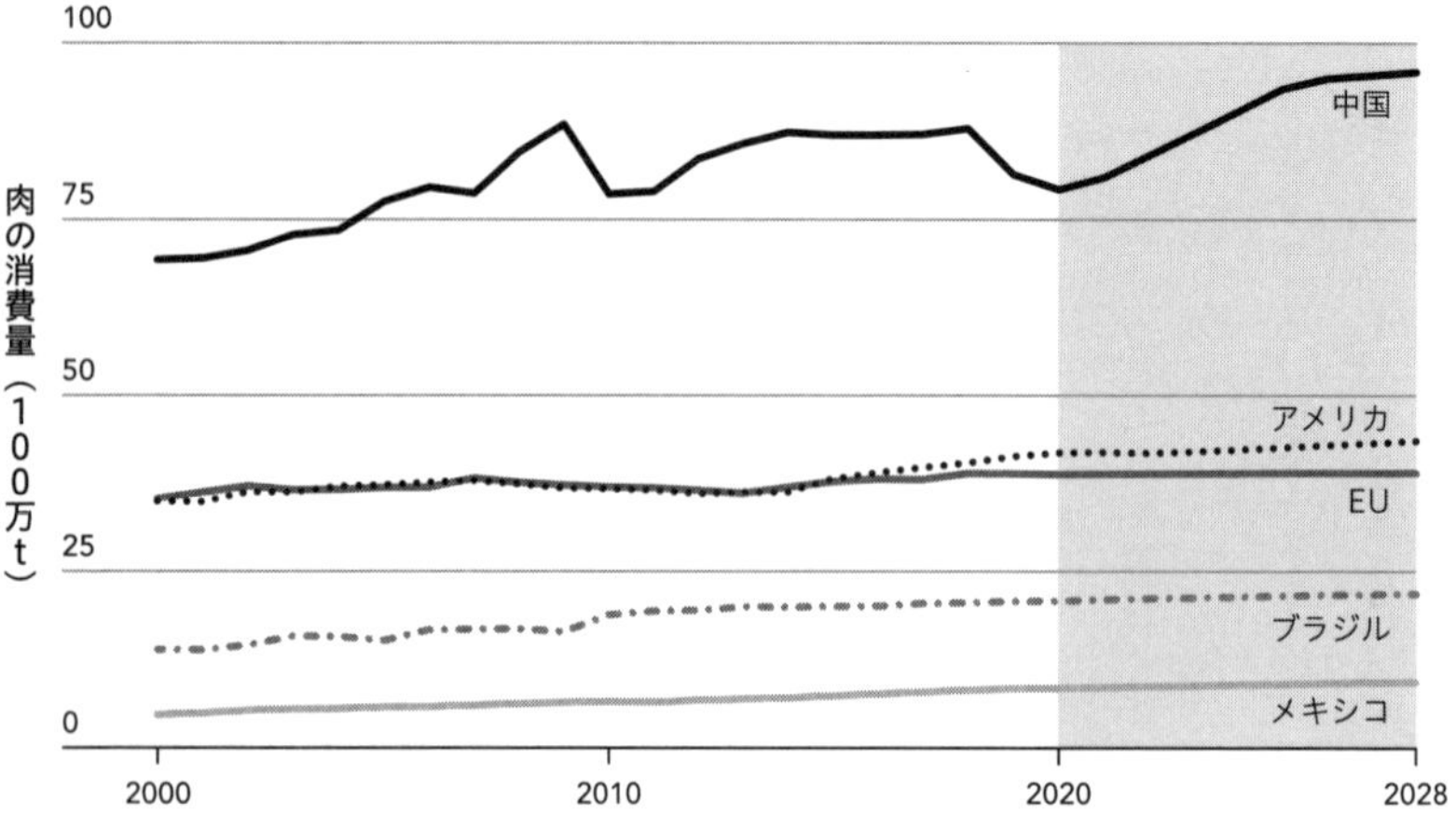

ほとんどの国で肉の消費量は変わっていない。しかし中国は大きな例外だ（出典：OECD-FAO Agricultural Outlook 2020）。[5]

上のグラフは、世界の肉の消費傾向を示している。アメリカ、ヨーロッパ（EU）、ブラジル、メキシコでは基本的に横ばいだが、中国やその他の発展途上国では急増している。難問はここにある。いまよりはるかに多くの食料を生産する必要があるのに、いまと同じ方法で生産していたら気候大災害を招くのだ。牧草地あるいは耕作地一エーカーあたりで生産できる食料を増やせなければ、一〇〇億人に食べ物を提供するために、食料関係の温室効果ガスの排出は三分の二増えることになる。

ほかにも懸念されることがある。植物を使ってエネルギーをつくる方向へと大きく舵を切ると、はからずも耕作地の取り合いが起こる可能性があるのだ。第7章で説明するように、スイッチグラスなどからつくられる次世代バイオ燃料を使えば、炭素ゼロでトラック、船、飛行機を動かせるかもしれない。しかし、増加する人口への食料供給に使えるはずの土地をこうした作物の栽培に転用したら、意図せずして食料価格を上昇させることになり、さらに多くの人を貧困と栄養不良に追いやって、すでに危機的な速度ですすんでいる森林伐採をさらに加速させてしまう。

こうした落とし穴を避けるために、ボーローグ並みのブレークスルーがこれからもっと必要になる。そうしたブレークスルーの可能性を見る前に、これらの温室効果ガスが正確にどこから出ているのかを説明して、現在の技術でそれを除去する選択肢を考える。前章と同じくグリーン・プレミアムを使い、現在これらの温室効果ガスを除去するのが高くつきすぎる理由を示して、なんらかの新発明が必要であることを明らかにしたい。

そういうわけで、牛のげっぷと豚の糞尿から話をはじめよう。

人間のお腹のなかをのぞいてみると、胃袋はひとつしかなく、食べ物はそこで消化されはじめて、やがて腸管に向かっていく。しかし牛のお腹のなかをのぞくと、胃袋が四つある。そのおかげで牛は草や、人間には消化できない植物を食べることができるのだ。消化管内発酵と呼ばれるプロセスによって、牛の胃のなかの細菌が植物のセルロースを分解し、それを発酵させて、その結果としてメタンが発生する。牛はメタンのほとんどをげっぷとして外に出し、少量をおならとして出す。

（ちなみにこの問題について話し合うときには、おかしな議論に行き着いてしまうことがある。例年メリンダと僕は、自分たちの仕事を説明するオープン・レターを発行していて、二〇一九年のレターで僕は、この家畜の消化管内発酵の問題について書くことにした。ある日、草稿を確認していると、レターで〝おなら〟ということばを何度まで使っていいか、ふたりのあいだで議論になった。結局メリンダの主張が通り、一度しか使わせてもらえなかった。この本は僕の単著なのでもっと自由にできるし、そうするつもりだ）

世界中でおよそ一〇億頭の牛が牛肉と乳製品のために育てられている(6)。その牛たちが一年間にげっぷやおならで出すメタンには、二酸化炭素二〇億トンと同じ温暖化効果があり、これは地球上の全排出量の約四パーセントにあたる。

げっぷやおならでガスを出すのは、牛やその他の反芻《はんすう》動物（ヒツジ、ヤギ、シカ、ラクダなど）に固有の問題だ。しかしすべての動物に共通する温室効果ガスの排出源がほかにある。糞《ふん》だ。糞が分解されると、強力な温室効果ガスの混合物が出る。おもに亜酸化窒素で、それにメタン、硫黄ガス、アンモニアが加わったものだ。糞関係の排出の約半分は豚の糞からで、残りは牛の糞からである。動物の糞はあまりにもたくさん出るので、実際これは消化管内発酵につづいて農業で二番目に大きな排出源になっている。

この糞、げっぷ、おならについては何ができるのか。これはむずかしい問題だ。研究者は、消化管内発酵に対処するためにありとあらゆるアイデアを試してきた。牛の胃腸にいるメタン生成菌を減らすワクチンを使ってみたり、ガスを出す量がもともと少ない品種を開発しようとしたり、餌に特別な飼料や薬を加えてみたりといった具合だ。こうした試みはほぼ失敗してきたが、ひとつ有望な例外がある。メタンの排出を三〇パーセント減らす、3‐ニトロオキシプロパノールという化合物だ。しかし現時点ではそれを牛に最低でも一日一度与える必要があり、ほとんどの放牧場ではいまだ実用的ではない。

それでもなお、新技術がなくても、また大きなグリーン・プレミアムなしでも、これらの排出を減らせると考える理由がある。実は一頭の牛が出すメタンの量は、その牛が暮らす場所によって大きく異なる。たとえば、南アメリカの牛は北アメリカの牛の五倍の温室効果ガスを出し、アフリカの牛はそれをさらに上まわる。牛が北アメリカやヨーロッパで育てられたら、より効率的に餌を牛乳や肉に換えられる改良種になる可能性が高い。それに、よりよい獣医医療を受けさせることができ、質の高い餌も与えられるので、メタンを出す量も減る。

改良種と成功事例をより広く拡散できれば、排出を減らし、貧しい農家の収入を増やすのに役立つ。とりわけアフリカの牛と異種交配して生産性を高め、質の高い餌を安く入手できるようにすることが望まれる。同じことは糞尿の処理にもいえる。豊かな国の農家は、排出を削減しながら糞尿を処理するさまざまな技術を利用できる。こうした技術の費用がもっと手頃になれば、貧しい農家にも広がり、温室効果ガスの排出を減らせる可能性が高くなる。

筋金入りの完全菜食主義者《ヴィーガン》は、別の解決策を主張するかもしれない。〝排出削減の方法をあれこれ試すのではなく、そもそも家畜を育てるのをやめるべきだ〟。この主張に力があるのはわかるが、現実的だとは思えない。ひとつには、肉は人類の文化のなかであまりにも重要な役割を果たしているからだ。肉が手にはいりにくい土地も含め、世界の多くの場所で肉を食べることがお祭りやお祝いに欠かせない要素になっている。フランスでは、前菜、肉か魚、チーズ、デザートなどからなるガストロノミーの食事が正式に国の無形文化遺産として登録されている。ユネスコのウェブサイトでの説明によると、「ガストロノミーの食事は、ともに過ごす時間、味の愉しみ、人間と自然の産物とのバランスに重きを置く(7)」。

とはいえ、肉食を減らしながら肉の味を楽しむこともできる。ひとつの選択肢が、植物由来の肉だ。さまざまな方法で肉の味に似せた植物製品である。僕は現在、植物由来の肉の製品を市場に出しているふたつの会社、〈ビヨンド・ミート〉と〈インポッシブル・フーズ〉に投資しているので、立場が偏ってはいるのだが、それでも人造肉はかなりおいしい。きちんと調理すれば、本物に引けをとらない牛ひき肉の代替物になる。それに、現在売られている代替肉はすべて本物の肉より環境にやさしい。使用する土地や水がはるかに少なく、温室効果ガスの排出も少ないからだ。それに生産に必要な穀物の量も少なく、食用作物をさほど圧迫することもなくて、肥料の使用も減らせる。小さな檻に閉じこめられる家畜が減れば、動物の福祉にとてつもなく大きなプラスにもなる。

しかし、人造肉のグリーン・プレミアムは高い。平均すると、牛ひき肉の代替物は本物より八六パーセント高価だ。(8) しかし、こうした代替肉の販売量が増え、さらに多くの製品が市場に出るにつれて、やがて動物の肉より安くなるだろうと僕は楽観視している。

だが、人造肉の最大の課題は、価格ではなく味である。ハンバーガーの食感は植物でも比較的容易に再現できるが、ステーキや鶏の胸肉となると、本物を食べている気にさせるのはずっとむずかしい。本物の肉から切り替えたいと思われるほど、人造肉は人気が出るのだろうか。また、大きな効果が出るほどたくさんの人が人造肉に切り替える可能性はあるのか。

そうなるという証拠がすでに見られる。この僕ですら、ビヨンド・ミートやインポッシブル・フーズの成果には驚いている。当初のつまずきを考えるとなおさらだ。インポッシブル・フーズの初期の実演に参加したことがあるが、バーガーをひどく焦がして火災報知器が鳴る始末だった。それがいまでは、少なくともシアトル周辺や僕が訪れる都市では、同社の製品がとても広く流通していて驚かされる。ビヨンド・ミートが二〇一九年に株式を公開したときには、とても高い値がついた。さらに一〇年かかるかもしれないが、製品の質が向上して価格が下がるにつれて、気候変動と環境を気にかける人たちからひいきにされるようになるだろう。

植物由来の肉に似た別の方法もある。植物を育ててからそれを処理して牛肉の味に似せるのではなく、実験室で肉そのものを育てる方法だ。〝細胞肉〟〝培養肉〟〝クリーンミート〟といったあまり食欲をそそられない名前がついているが、二十数社のスタートアップ企業が商品化を目指している。ただし、スーパーマーケットの棚で見かけるようになるのは、おそらく二〇二〇年代なかばだろう。

注意してもらいたい。これは偽物の肉ではない。培養肉には、脚が二本あるいは四本あるどの動物とも同じように脂肪、筋肉、腱がすべてついている。ただし、農場で育てられるのではなく実験室でつくられるのだ。生きた動物から細胞を少し採取し、その細胞を増やして、人間が食べ慣れている組織になるよう導いていく。これは温室効果ガスをほとんど、あるいはまったく排出せずにすべておこなうことができる。必要なのは処理に使う実験室の電気だけだ。この方法の課題は非常に費用がかさむことで、コストをどれだけ下げられるかはわからない。

また、どちらの人造肉もさらなる苦戦を強いられる。アメリカの少なくとも一七の州で、これらの製品を〝肉〟という名称で販売するのを議会が禁止しようとしているからだ。ある州は、人造肉の販売そのものを禁止するよう提案している。したがって、技術が進歩して製品が安くなっても、それをいかに規制し、パッケージ化し、売るのかについては、しかるべき公的な議論が必要だろう。

最後にもうひとつ、食べ物からの温室効果ガス排出を削減できる方法がある。無駄を減らすことだ。ヨーロッパ、工業化のすすんだアジア、サハラ以南のアフリカでは、二〇パーセントを超える食べ物が廃棄されたり腐ったり、さまざまなかたちで無駄にされている。アメリカにいたっては四〇パーセントだ。食べ物が足りない人たちにとっても、経済にとっても、気候にとってもよくない。無駄にされた食べ物が腐るとメタンが発生して、一年あたり二酸化炭素三三億トン分の温暖化を引き起こす。

最も重要な解決策は行動を変え、いまあるものをもっと有効に活用することだ。しかし、技術が役立つこともある。たとえば、果物や野菜を長持ちさせる植物由来のコーティングの開発に取り組んでいる企業が二社ある。そのコーティングは目に見えず、食べられて、味はまったく変わらない。ほかには「スマートごみ箱」を開発した企業もある。画像認識によって家庭や職場でどれだけの食べ物が無駄にされているかを把握するごみ箱だ。捨てたものの量と、そのコストとカーボン・フットプリントを知らせてくれる。差し出がましい機械だと思われるかもしれないが、多くの情報が手にはいれば、よりよい選択ができるようになる。

数年前、タンザニアのダルエスサラームにある倉庫に足を踏み入れたら、わくわくするものが目に飛びこんできた。雪の吹きだまりのように山になった何千トンもの合成肥料だ。その倉庫は、肥料メーカー〈ヤラ〉の新しい肥料流通センターにあった。その種のものとしては東アフリカで最大の施設だ。倉庫のなかを歩いてまわりながら、僕は作業員たちと話をした。作業員たちは窒素、リン、その他の栄養素を含む小さな白いペレットを袋に詰めていて、それがやがて世界で最も貧しい部類にはいる地域で作物を育てるのに使われるのだ。

僕はこの種の見学が大好きだ。こんなことを書くとおかしなやつだと思われるにちがいないが、肥料は魔法のようなものだと思う。そのおかげで家の芝生や庭が美しくなるから、というだけで

2018年、タンザニアのダルエスサラームにあるヤラ社の肥料流通施設を見学した。写真の僕も楽しそうだが、実際にはそれ以上に楽しい経験だった。(9)

はない。ノーマン・ボーローグの半矮性の小麦や、新品種のトウモロコシや米とともに、合成肥料も一九六〇年代から一九七〇年代にかけて世界を変えた農業革命で重要な役割を果たしたからだ。もし合成肥料ができていなければ、世界の人口はいまより四〇～五〇パーセント少なくなっていたと考えられている。

世界ではすでに大量の肥料が使われていて、貧しい国ではさらに使われる必要がある。〝緑の革命〟とも呼ばれる先に触れた農業革命は、アフリカにはほとんど恩恵をもたらしておらず、アフリカの通常の農家は、同じ広さの土地でアメリカの農家の五分の一しか食料を得られない。貧しい国では、た

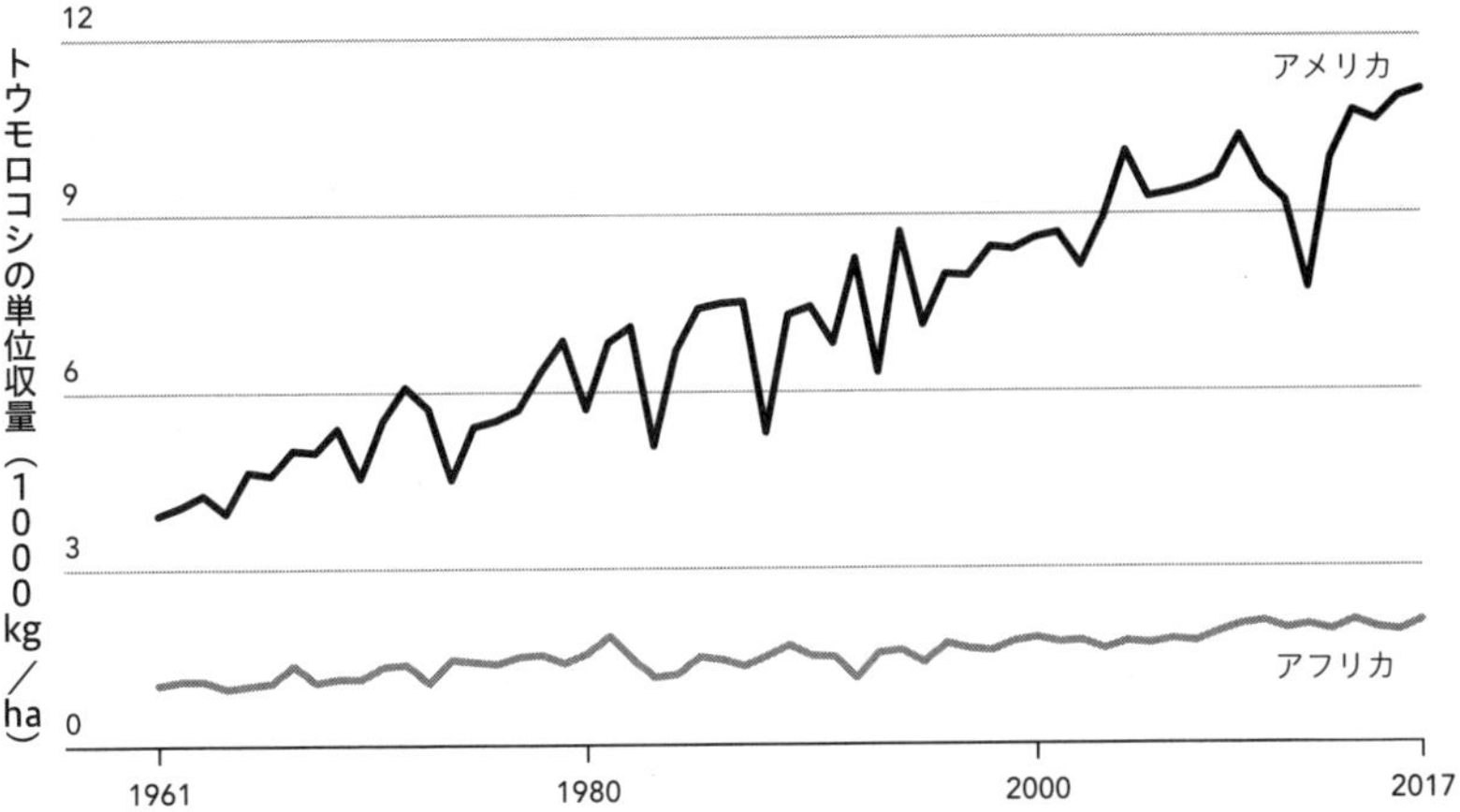

農業にはきわめて大きな格差がある。肥料やその他の改良のおかげで、アメリカの農家は現在、単位面積あたりでかつてない量のトウモロコシを収穫している。しかしアフリカの農家では、収穫量はほとんど変わっていない。この格差を埋めることで人命を救い、人びとが貧困から抜け出せるよう手助けできるが、イノベーションがなければ気候変動を悪化させる（出典：国際連合食糧 - 農業機関）。(10)

いていの農家は肥料を買う資金を借りることができない。それに、悪路はるばる農村地帯まで運ぶ必要があるので、肥料は豊かな国よりも高価になる。貧しい農家の作物収量を増やす手助けができれば、農家の収入と食料が増え、世界のきわめて貧しい国で何百万もの人びとが必要な食べ物と栄養を得られるようになる（これについては、第9章でさらに詳しく取り上げる）。

どうして肥料は魔法のようなものなのか。植物に欠かせない栄養を供給してくれるからだ。リン、カリウム、そして気候変動と特に関係の深い窒素。窒素にはプラスとマイナスの両面がある。窒素は光合成と密接に関係していて、そのおかげで植物は日光をエネルギーに換えることができ、あらゆる植物が生存できて、人間はさまざまな食べ物を得られる。しかし、窒素は気候変動を大幅に悪化させもする。その理由を理解してもらうには、窒素が植物において果たす役割を説明する必要がある。

作物を育てるには、窒素がたくさんあったほうがいい。自然環境から得られるより、はるかにたくさんだ。窒素を加えることで、トウモロコシを三メートルの高さまで育てることができ、大量の実を収穫できる。不思議なことだが、ほとんどの植物は自分で窒素をつくることができず、さまざまな微生物がつくった地中のアンモニアから獲得する。植物は窒素を得られるかぎり育ちつづけ、窒素をすべて使い尽くすと生長が止まる。だから窒素を加えると生長が促進されるのだ。

何千年ものあいだ、人間は堆肥やコウモリの糞（バットグアノ）といった天然の肥料を使って余分の窒素を作物に与えていた。しかし、一九〇八年に大きなブレークスルーが起こる。フリッツ・ハーバーとカール・ボッシュというふたりのドイツ人化学者が、窒素と水素を使って工場でアンモニアをつくる方法を編み出したのだ。この発明がいかに重要か、いくら強調してもしすぎることはない。現在、ハーバー＝ボッシュ法として知られる製法によって合成肥料をつくることができるようになり、食べ物を育てられる量が大きく増えて、地理的範囲も大幅に広がった。現在でもアンモニアはおもにその方法でつくられている。ノーマン・ボーローグが史上最も偉大な陰のヒーローのひとりであるのと同じように、ハーバー＝ボッシュ法は、ほとんどだれも聞いたことがない最も重要な発明かもしれない。*

問題は次の点にある。窒素をつくる微生物は、その過程で多くのエネルギーを使う。あまりにもたくさん使うので、微生物は進化して、絶対に必要なときしか窒素をつくらなくなった。つまり周囲の土壌に窒素がないときだ。窒素がじゅうぶんあるのを感知したらつくるのをやめ、エネルギーをほかに使えるようにする。したがって合成肥料を加えると、土のなかの天然生物は窒素を感じとり、自分でそれをつくるのをやめてしまうのだ。

合成肥料には、ほかにもマイナス面がある。それを製造するにはアンモニアをつくらなければならず、その工程で必要になる熱は天然ガスを燃やしてつくるので、温室効果ガスが出るのだ。それに、合成肥料を工場から保管用の倉庫（僕がタンザニアで訪れたような場所）に運び、最終的に使用される農場に輸送するトラックはガソリンで動く。最後に、肥料を土に入れたあと、肥料に含まれる窒素の多くは植物に吸収されない。世界全体で作物に吸収されるのは、畑にまかれた窒素の半分未満である。残りは地下水や地表水に流出して汚染を引き起こすか、亜酸化窒素として空気中に漏れ出る。憶えているだろうか。亜酸化窒素には、二酸化炭素の二六五倍も地球を暖める力がある。

すべて合わせると、二〇一〇年には肥料のせいでおよそ一三億トンの温室効果ガスが排出され

＊フリッツ・ハーバーの経歴は複雑だ。アンモニアの研究で人類の命を救ったほかに、第一次世界大戦では塩素などの有毒ガスを化学兵器に使う道もひらいた。

た。二〇五〇年にはおそらく一七億トンまで増える。ハーバー＝ボッシュは与え、ハーバー＝ボッシュは奪うのだ。

残念ながら現時点では、合成肥料に代わる実用的な炭素ゼロの代替物は存在しない。たしかに、アンモニアを合成する際に化石燃料の代わりにクリーンな電気を使えば、肥料製造時の排出分はなくせるが、高いコストがかかって肥料の価格が大幅に上がる。たとえばアメリカでは、この工程を使うと窒素ベースの尿素肥料の値段は二〇パーセント以上高くなる。

しかもこれは、肥料製造時の排出分だけだ。使用時に出る温室効果ガスを回収する方法は存在しない。亜酸化窒素には炭素回収に相当するものがないのだ。そうなると、炭素排出ゼロ肥料のグリーン・プレミアムを正確に計算することはできない。ただ、そのこと自体が有益な情報だ。この分野で大きなイノベーションが必要だとわかるからだ。

技術的には、いまより効率的に作物に窒素を吸収させることは可能だ。そのためには、窒素のレベルをきわめて注意深くモニターできる装置を農家がもち、栽培期のあいだずっと肥料を適量使用できるようにする必要がある。これには費用と時間がかかり、しかも合成肥料は安い（少なくとも豊かな国では）。作物を最大限生長させるだけの量をすでに使っていると認識しつつも、その量よりたくさん合成肥料を使うほうが経済的だ。

植物が吸収する窒素の量を増やし、地下水に流出したり蒸発して大気に放出されたりする窒素を減らす添加剤を開発した企業がいくつかある。しかしこの添加剤は、世界の肥料のわずか二パーセントでしか使われていない。安定して効果を発揮するわけではなく、製造業者も改良にあまり資金を投じていないからだ。

ほかの専門家たちも、窒素の問題を解消すべくさまざまな方法に取り組んでいる。たとえば作物の遺伝子を操作し、バクテリアに窒素をつくらせる新品種を開発している研究者もいる。また、ある企業は窒素をつくる遺伝子組み換え微生物を開発した。要するに、肥料によって窒素を加えるのではなく、窒素がすでに存在していても窒素をつくりつづける微生物を土に加えるわけだ。これらの方法がうまくいけば、肥料を使う必要が劇的に少なくなり、肥料からの排出をすべて大幅に減らすことができる。

ここまでで説明したことはすべて広く農業に分類され、農業、林業、その他の土地利用からの排出量のおよそ七〇パーセントを占める。残りの三〇パーセントは、ひとことでまとめると「森林破壊」だ。

世界銀行によると、一九九〇年以降、世界で一三〇万平方キロメートルを超える森林が失われた（南アフリカやペルーよりも大きな面積で、およそ三パーセントの減少だ）。[11] 森林破壊の影響のなかには、直接的で目に見えるものもある。たとえば木々が燃やされれば、含まれていた二酸化炭素がたちまちすべて放出される。しかし、目に見えにくい悪影響もある。木を地面から抜くと土がかき乱されるが、実は土には炭素がたくさん蓄えられている（実際、土のなかの炭素のほうが、大気とすべての植物のなかの炭素を合わせた量より多い)。木を抜くと、蓄えられていたその炭素が二酸化炭素として大気中に放出されるのだ。

すべての場所で同じ理由で起こっていれば、森林破壊はもっと食い止めやすいだろうが、残念ながら現状は異なる。たとえばブラジルでは、過去数十年間のアマゾンの熱帯雨林破壊は、ほとんどが牛の放牧地をつくるために起こっている(一九九〇年以降、ブラジルの森林は一〇パーセント縮小した)。食料はグローバルな商品なので、ある国で消費されるものが別の国の土地利用に影響を与えることもある。世界で食べられる肉の量が増えることで、南アメリカの森林破壊が加速しているのだ。ほかの場所で食べられるハンバーガーが増えると、そこで木が減る。

それに、こうした排出はすべてたちまち大きな量に膨れあがる。世界資源研究所の研究では、土地利用の変化を計算に入れると、アメリカ式の食事は、アメリカ人が発電、製造、輸送、建設に使うすべてのエネルギーと同じぐらいの排出につながっているという[12]。

しかし世界のほかの場所では、森林破壊はハンバーガーやステーキのせいで起こっているわけではない。たとえばアフリカでは、人口増加に対応する食料と燃料をつくるために土地を開墾しているのが原因だ。森林破壊率が世界で最高水準にあるナイジェリアでは、一九九〇年以降、国内の森林の六〇パーセント以上が失われた。同国は世界最大級の木炭の輸出国であり、木炭は木を炭化させてつくられる。

一方、インドネシアではアブラヤシの木を栽培するために森林が伐採されていて、そこから得られるパーム油は映画館のポップコーンからシャンプーまで、あらゆるものに使われている。それがおもな理由のひとつとなり、インドネシアは世界第四位の温室効果ガス排出国になっている。(13)

世界の森林を守るなんらかのブレークスルーを紹介できたらいいのにと思う。たしかに役立つものはいくつかある。たとえば高性能の衛星モニタリング・システムがあれば、森林破壊を発見したり、森林火災が起こっているのを見つけてのちに被害を評価したりしやすくなる。僕は、パーム油の代わりになる合成物の開発に取り組んでいるいくつかの企業に注目している。それがうまくいけば、アブラヤシ農園をつくるために森林をいまほど伐採しなくてすむ。

ただしこれについては、技術がいちばんの問題とはいえない。おもに政治と経済の問題だ。木を切り倒すのは人間が悪者だからではない。木を残しておくよりも切り倒すインセンティブのほうが大きいときにそうするのだ。したがって、この問題には政治と経済の解決策が求められる。国に資金を提供して森林を維持させたり、特定の地域を保護するルールをつくって施行したり、村落のコミュニティにさまざまな経済のチャンスをつくり、命をつなぐためだけに天然資源を無理に利用しなくてもいいようにしたり、といった具合だ。

森林に関係する気候変動への解決策を、あなたもひとつ耳にしたことがあるかもしれない。植林によって大気中の二酸化炭素を回収する方法だ。シンプルなアイデアで、想像しうるかぎり最も安くローテクな炭素回収の方法のように思える。それに、木を愛する者たちには当然ながら魅力的な考えだが、実はこれはきわめて複雑なテーマだ。さらに多くの研究が必要ではあるものの、現時点では、気候変動に対するその効果は誇張されているといっていい。

地球温暖化の問題ではよくあることだが、いくつもの要因を考えなければならない。

一本の木が一生のあいだに吸収できる二酸化炭素はどれぐらいか。 さまざまだが、およその目安は四〇年間で四トンである。

その木はどれだけ生きられるのか。 燃やされたら、木に蓄えられていた二酸化炭素はすべて大気中に放出される。

その木を植えていなかったらどうなっていたか。 木が自然に生える場所なら、わざわざ木を植えても炭素を余分に吸収することにはならない。

世界のどこにその木を植えるのか。 すべてを考慮に入れると、雪の多い地域の木は、気温を下げるよりも上げる。木は雪や地面の氷よりも色が濃く、色が濃いものは薄いものよりもたくさん熱を吸収するからだ。他方で熱帯雨林の木は、気温を上げるよりも下げる。多くの水分を放出し、それが雲になって日光を跳ね返すからだ。回帰線と極圏のあいだの中緯度地方の木には、ほとんど意味がない。

その場所で何かほかのものが育てられていないか。 たとえば大豆畑をつぶして森林にしたら、流通する大豆の総量が減って大豆の値段が上がり、ほかの場所で木を切って大豆を育てようという人が出てくる可能性が高い。そうなると、植林した効果の少なくとも一部は相殺されてしまう。

これらの要因をすべて考慮に入れて計算すると、平均的なアメリカ人ひとりが一生のあいだに出す排出分を吸収するには、二〇ヘクタール分ほどの木を熱帯地域に植える必要がある。それにアメリカの人口を掛けると、六五億ヘクタールあるいは六五〇〇万平方キロメートルを超える広さになる。世界の土地のおよそ半分だ。これらの木はすべて永久に維持されなければならない。それに、これはアメリカの分だけだ。ほかの国の排出分は計算にはいっていない。

どうか誤解しないでもらいたい。木には美観の面でも環境の面でもありとあらゆる恩恵があり、もっとたくさん植えられてしかるべきだ。たいていの場合、木はすでに育っていた場所でしか育たないので、木を植えたら森林破壊のダメージを回復するのに役立つ。しかし、化石燃料を燃やすことで起こる問題に対処できるだけの木を植える現実的な方法は存在しない。木に関係する気候変動への対処法で最も効果的なのは、すでにある木をいまのようにたくさん切るのをやめることだ。

結論としていえるのは、近いうちに食料の生産を七〇パーセント増やし、それと同時に炭素の排出を減らして、やがて排出を完全になくすことを目指さなければならないということだ。それには新しいアイデアがたくさん必要だ。新しい手法によって植物の生長を促し、家畜を育て、無駄になる食べ物を減らす必要がある。また豊かな国の人びとは、たとえば肉食を減らすなど、習慣を一部変えなければならない。たとえ家族にハンバーガーの血が流れていてもだ。

第７章　移動する

年間五一〇億トンの一六パーセント

ちょっとしたクイズからはじめよう。二問だけだ。

１　次のうち最も大きなエネルギーが含まれているのはどれか。
　Ａ　ガソリン一ガロン（三・八リットル）
　Ｂ　ダイナマイト一本
　Ｃ　手榴弾ひとつ

２　次のうちアメリカで最も安いのはどれか。
　Ａ　牛乳一ガロン
　Ｂ　オレンジジュース一ガロン
　Ｃ　ガソリン一ガロン

正解はAとC、ガソリンだ。ガソリンには驚くべき量のエネルギーが含まれている。一ガロンのガソリンに含まれるエネルギーを得るには、ダイナマイトを一三〇本束にしなければならない。もちろんダイナマイトはエネルギーをすべて一度に放出し、ガソリンはもっとゆっくり燃焼させる。自動車に爆薬ではなくガソリンを入れるのも、ひとつにはそれが理由だ。

また、ガソリンスタンドに行くときは必ずしもそう思わないかもしれないが、アメリカではガソリンは非常に安い。牛乳とオレンジジュース以外にも、一ガロンあたりでガソリンより高いものをいくつか挙げてみよう。〈ダサニ〉のペットボトル入りミネラルウォーター、ヨーグルト、はちみつ、洗濯用洗剤、メープルシロップ、手指消毒剤、〈スターバックス〉のラテ、〈レッドブル〉のエナジードリンク、オリーブオイル、スーパーマーケット〈トレーダー・ジョーズ〉で売っている、かの有名な廉価ワイン〈チャールズ・ショー〉。そのとおり。同じ量だと、あの安ワインよりもガソリンのほうが安いのだ。

本章を読んでいるあいだは、ガソリンについてこのふたつの事実を念頭に置いておいてもらいたい。強烈な力があり、安いということだ。[*] 一ドルあたりのエネルギーを考える際には、ガソリンが絶対的な基準になる。ディーゼル燃料やジェット燃料など類似の製品を除けば、これだけの低コストで一ガロンにつきこれほどのエネルギーを供給できるものは、身のまわりにはない。

一定量あたりのエネルギーと、一ドルあたりのエネルギーというふたつの考えが、輸送システムを脱炭素化する方法を模索する際に鍵になる。周知のとおり、自動車、船、飛行機で燃料を燃やすと二酸化炭素が排出され、地球温暖化を助長する。ゼロを達成するには、これらの燃料を同じぐらいエネルギー密度が高くて安価な別の何かと取り替えなければならない。

僕が本書で輸送をもっと先に取り上げなかったことと、輸送が世界の排出量の一六パーセントしか占めていないことに驚いた人もいるかもしれない。輸送は、ものをつくる、電気を使う、ものを育てるに次ぐ四番目だ。僕もそれを知ったときには驚いたので、おそらくほとんどの人も同じだと思う。歩道でだれかを適当に呼びとめて、気候変動のいちばんの原因になっている活動は何かと尋ねたら、おそらく発電のために石炭を燃やすことや、自動車を運転すること、飛行機を飛ばすことと答えるだろう。

この誤解は理解できる。輸送は世界では最大の排出源ではないが、アメリカでは実際、発電をわずかに超えて第一の原因であり、そうなってすでに数年経つ。僕たちアメリカ人は、非常にたくさん自動車を運転し、飛行機を飛ばしている。

いずれにせよ、排出実質ゼロを達成するには、アメリカでも世界のほかの場所でも、輸送によ

＊当然ながら、車がなければ生活できない人にとってガソリンは、ここに挙げたほかのものとは異なり必需品だ。出費に気をつけている人なら、ガソリン価格が上がると、たとえばオリーブオイルの値段が上がるよりも危機感を覚えるだろう。オリーブオイルは買わなくても差し支えないからだ。しかし、日常的に使うもののなかでガソリンが比較的安いのはたしかだ。

って出る温室効果ガスをすべて取り除かなければならない。
これはどれほどむずかしいのか。かなりむずかしい。だが不可能ではない。

人類史の最初の九九・九パーセントのあいだ、人間は化石燃料にまったく頼らずに移動していた。歩いたり、動物に乗ったり、帆を張った船を使ったりしていたのだ。その後、一八〇〇年代はじめに、石炭を使って蒸気機関車や蒸気船を動かす方法を編み出す。一九世紀のうちに列車が大陸を横断し、船が海を渡って人や製品を運ぶようになった。ガソリンで動く自動車が一九世紀終わりに登場し、二〇世紀はじめには民間航空機で移動できるようになって、現在の世界経済に欠かせない移動手段になる。

輸送のために最初に化石燃料を燃やしてから、せいぜい二〇〇年しか経っていないにもかかわらず、すでに人間は根本からそれに依存している。同じぐらい安く、同じように長距離移動の燃料として使える代替物がなければ、化石燃料を手放すことはないだろう。

ほかにも課題がある。現在、輸送によって生じている八二億トンの炭素だけでなく、さらに多くを取り除く必要があるのだ。経済協力開発機構（ＯＥＣＤ）の予測では、輸送の需要は少なくとも二〇五〇年まで増えつづける。[1] これは、ＣＯＶＩＤ‐19によって移動や交易が制限されていることを計算に入れた予測だ。この部門で排出量が増えているのは、乗用車のせいではなく、すべて輸送のための飛行機、トラック、船のためである。容積で計算すると、現在、世界中で取引

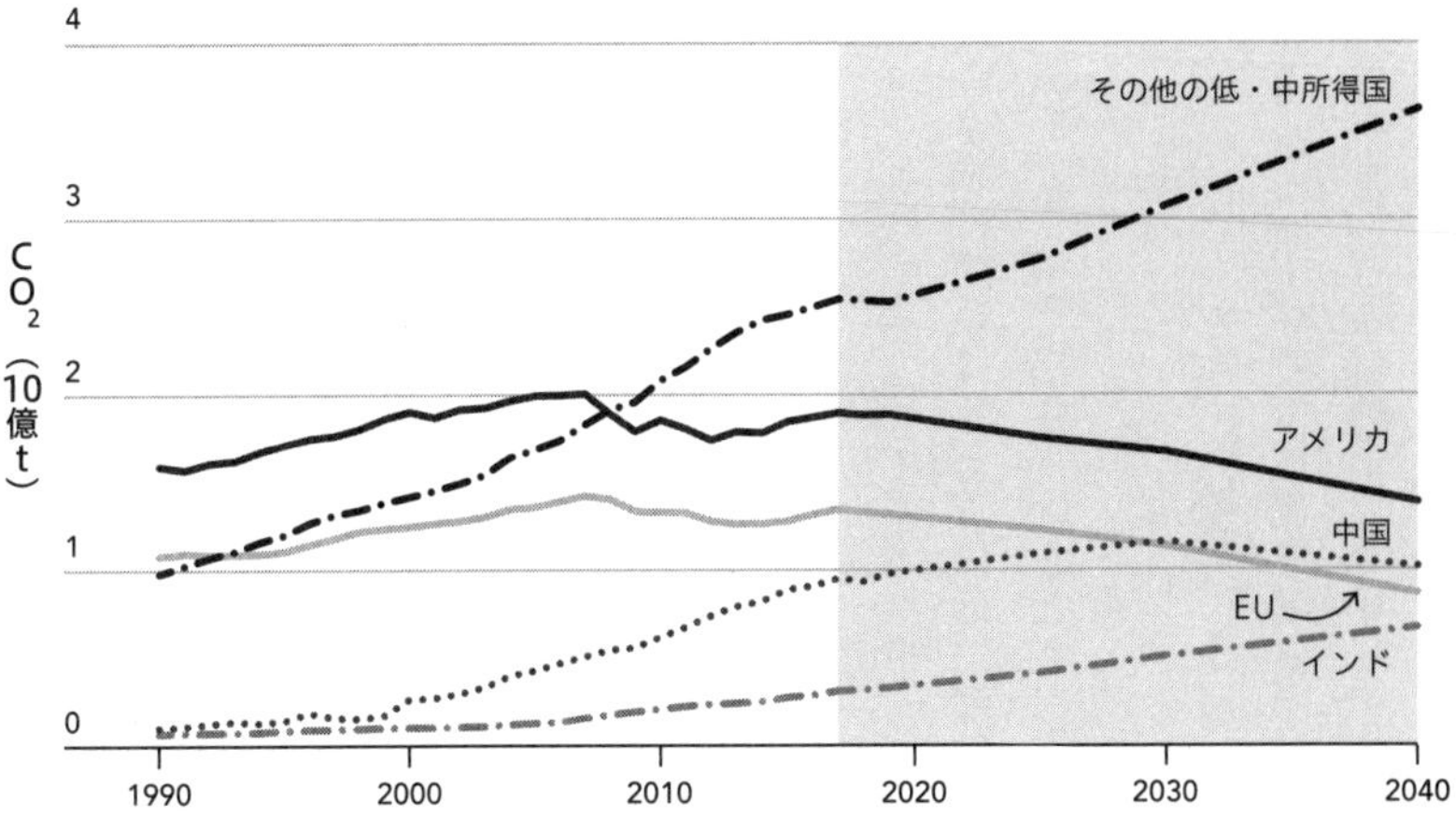

COVID-19 によって、輸送部門の排出量増加はペースが落ちているが、止まってはいない。 多くの場所で排出量は減るが、非常に多くの低・中所得国では増えるため、全体で見ると温室効果ガスは増える（出典：IEA World Energy Outlook 2020、ロジウム・グループ）。[(2)]

される品の九割が海上輸送されていて、世界の排出量の三パーセント近くがそのために生じている。

輸送関係の排出分の多くは豊かな国からのものだが、それらの国のほとんどではこの一〇年間に排出量はピークに達し、その後はやや減少に転じている。近年の輸送関係の炭素排出量の増加分はほぼすべて、人口が増え、豊かになり、自動車をたくさん買っている発展途上国のものだ。やはりここでも中国がいちばんわかりやすい例である。この一〇年間を通して輸送関係の排出は倍増し、一九九〇年の一〇倍に達した。

傷がついたレコードのように思われるのを覚悟のうえで、電気、製造、農業について述べたのと同じことを輸送についても言っておきたい。以前よりも多くの人とものが移動しているのは、よろこばしい。農村と都市のあいだを行き来できるのは、個人の自由の一形態であり、いうまでもなく、作物を市場に出す必要がある貧しい田舎の農家にとっては死活問題だ。国際線の飛行機のおかげで、一〇〇年前には想像もできなかったかたちで世界がつながっている。ほかの国の人たちと会えることは、共通の目標を理解するのに役立つ。それに、現代の輸送手段が登場する前は、一年のほとんどの時期には食べ物の選択肢が限られていた。僕はブドウが好きで、年中食べている。しかしそれができるのは南アメリカから果物を運んでくるコンテナ船のおかげであり、現在、その船は化石燃料で動いている。

では、人が暮らせない状態まで気候を悪化させることなく、移動と輸送のプラス面をすべて享受するにはどうすればいいのか。必要な技術はすべて揃っているのだろうか。あるいはなんらかのイノベーションが必要なのか。

こうした問いに答えるには、輸送部門のグリーン・プレミアムを計算しなければならない。排出源をより深く掘り下げるところからはじめよう。

次の円グラフは、自動車、トラック、飛行機、船舶などからの排出の割合を示したものだ。目標は、このすべてで排出を実質ゼロにすることにある。

乗用車（普通自動車、ＳＵＶ、オートバイなど）が排出量の半分近くを占めているのがわかる。

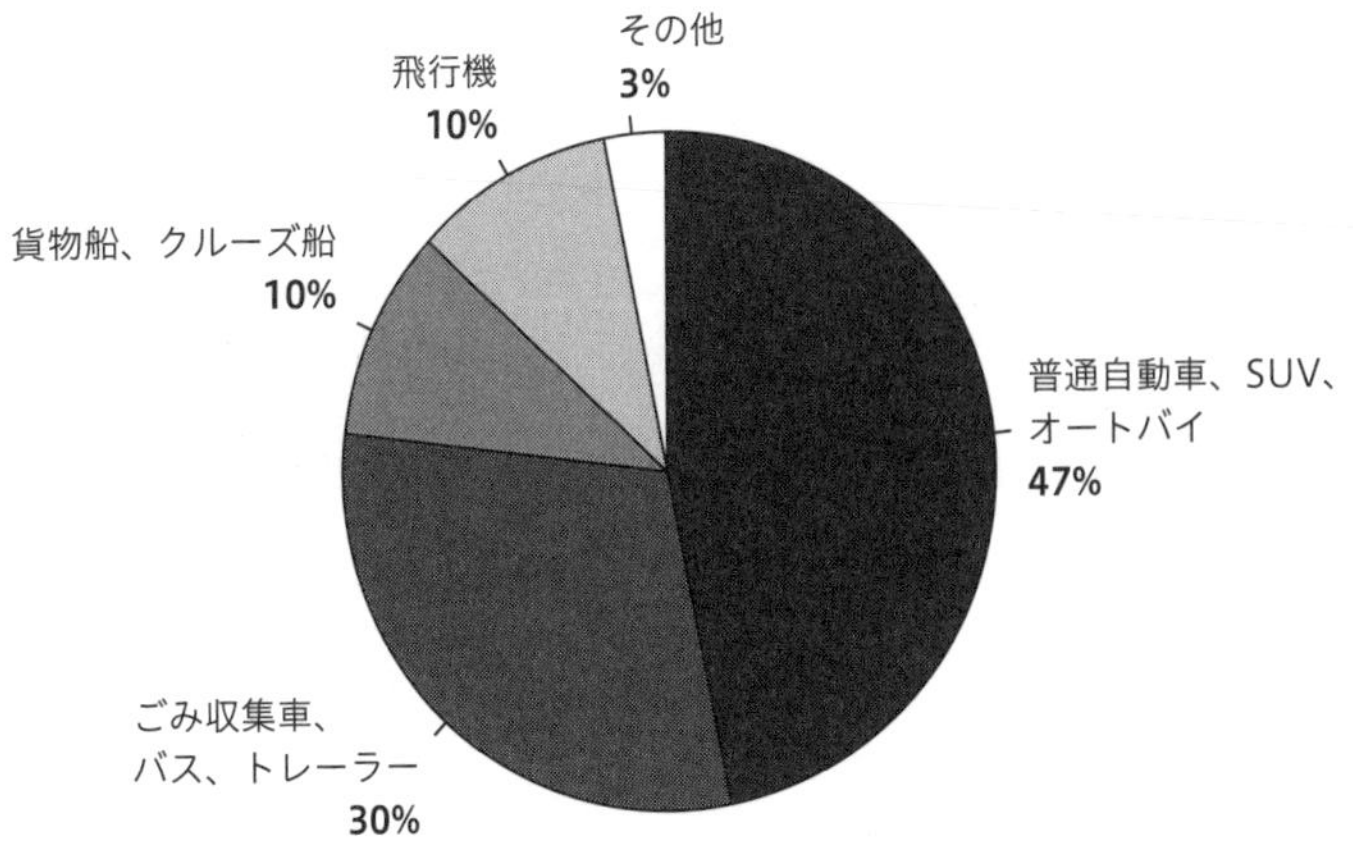

原因は自動車だけではない。乗用車は輸送関係の全排出量の半分弱だ（出典：国際クリーン交通委員会）。[3]

ごみ収集車からトレーラーまでの中型車と大型車がさらに三〇パーセントを占める。飛行機は全排出量の一割で、貨物船やその他の船舶も同じだ。列車はその他に算入されている。*

ひとつずつ見ていこう。最大の割合を占める乗用車からはじめて、排出をなくすための現在ある選択肢を検討したい。

乗用車。世界中でおよそ一〇億台の車が走っている。[4] 二〇一八年の一年間で、廃車になった分を差し引いても乗用車はおよそ二四〇〇万台増えた。[5] ガソリンを燃やすと温室効果ガスが出るのは避けられないので、別の方法が必要だ。化石燃料に含まれる炭素ではなく、すでに空気中にある炭素からつくられた燃料を使うか、あるいは完全に別の形態のエネルギーを使うかだ。

ふたつめの選択肢から見ていこう。さいわ

マリブ
$22,095 より

ボルト EV
$36,620 より

MPG（1 ガロンあたりの走行マイル）：
市街地 29、ハイウェイ 36
荷室：445 リットル
馬力：250

レンジ：250 マイル
荷室：1,600 リットル
馬力：200

シボレー vs. シボレー。ガソリンで動くマリブと、すべて電気で動くボルト EV（出典：シボレー）。[6]

い、完璧からはほど遠いとはいえ、すでに機能することが証明されたエネルギーの形態が存在する。実際、それを利用した自動車は、あなたの近所の自動車販売店でおそらくいまこの瞬間にも売られている。

現在、電気だけで動く自動車が、二六あるアルファベットの半分を超える頭文字の組織から発売されている。アウディ、ＢＭＷ、シボレー、シトロエン、フィアット、フォード、ホンダ、ヒュンダイ、ジャガー、キア、メルセデス・ベンツ、日産、プジョー、ポルシェ、ルノー、スマート、テスラ、フォルクスワーゲン、そのほか枚挙に暇《いとま》がないほどで、中国やインドの製造業者もある。僕も電気自動車に乗っていて、とても気に入っている。

電気自動車はかつてはガソリン車よりもはるかに高価で、いまでも比較的値の張る選択肢だが、最近では値段の差は劇的に縮まった。バッテリーの価格が大幅に下がり、二〇一〇年から八七パーセントも安くなったのがおもな理由だ。それに加えて、さまざまな税額控除や、排出ゼロの自動車を増やそうとする政府の取り組みも価格の引き下げに大きな役割を果たした。しかし、電気自動車にはいまでも多少のグリーン・プレミアムがある。

たとえば、シボレーのふたつの自動車を考えてみよう。ガソリンで動く〈マリブ〉と、すべて電気で動く〈ボルトＥＶ〉だ。

エンジン出力、乗客用スペースなどといった面では、特徴はおおむね同等だ。ボルトのほうが一万四〇〇〇ドル高いが（ただし、税制上の優遇措置によってこれより安くなる可能性はある）、自動車の購入価格だけでグリーン・プレミアムを計算することはできない。問題は自動車を買うときのコストだけでなく、自動車を買って所有するのにかかる全体のコストだ。たとえば、電気自動車はメンテナンスが少なくてすむことや、ガソリンではなく電気で走ることを計算に入れなければならない。他方で、電気自動車は高価なので、自動車保険の掛け金も割高になる。

こうしたちがいをすべて考慮に入れ、その車を所有するすべてのコストを見ると、走行距離一マイル（約一・六キロメートル）あたりボルトはマリブよりも一〇セント高くつく。(7)

＊念のためにいっておくと、ここで計算に入れているのはさまざまな輸送手段が燃やす燃料からの排出分だけだ。それらを製造するときの排出分、つまり鋼鉄やプラスティックをつくったり工場を動かしたりすることで発生する分は「ものをつくる」に算入し、第５章で取り上げた。

一マイルあたり一〇セントとはどれぐらいなのか。年間一万二〇〇〇マイル運転するのなら、一年あたり一二〇〇ドルのプレミアムだ。取るに足らない額とはいえないが、多くの自動車購入者にとって電気自動車が無理のない検討対象になるぐらいの額ではある。

これはアメリカの全国平均だ。グリーン・プレミアムはほかの国では異なる。電気とガソリンの値段がおもな要素だからだ（電気が安かったりガソリンが高かったりすると、グリーン・プレミアムは小さくなる）。ヨーロッパの一部ではガソリン価格がとても高いので、電気自動車のグリーン・プレミアムはすでにゼロに達している。バッテリー価格が下がりつづけているため、アメリカでも二〇三〇年にはほとんどの車のプレミアムはゼロに達するだろう。

これはすばらしいニュースであり、さらに価格が下がるにつれて（どうすれば下がるかについては、本章の終わりでさらに述べる）、多くの電気自動車が使われるべきだ。しかし二〇三〇年になっても、ガソリン車と比べて電気自動車にはまだ弱点がいくつか残っている。

ひとつは、ガソリン価格は大きく変動するので、電気自動車が手頃な選択肢になるのはガソリン価格が一定の額を超えているときだけだという点だ。二〇二〇年五月のある時点で、アメリカの平均ガソリン価格は一ガロンあたり一・七七ドルまで下がった。ガソリンがこれほど安いと、電気自動車は太刀打ちできない。バッテリーが高すぎるからだ。現在のバッテリー価格だと、電気自動車のオーナーが節約できるようになるのは、ガソリンが一ガロンあたりおよそ三ドルを超えているときだけである。

もうひとつの弱点が、ガソリンを入れるのには五分もかからないのに、電気自動車をフル充電するには一時間以上もかかることだ。それに、電気自動車を使って炭素排出を避けられるのは、電気が炭素ゼロのエネルギー源によってつくられているときだけである。これもまた、第4章で触れたブレークスルーがきわめて重要である所以だ。石炭で発電して電気自動車を充電していたら、化石燃料を別の化石燃料と交換しているだけになってしまう。

さらには、ガソリン車をすべて路上からなくすには時間がかかる。平均すると自動車は、組み立てラインを離れてから永眠の地である廃車置き場にたどり着くまでのあいだに一四年以上走る。この寿命の長さを考えると、二〇五〇年までにアメリカのすべての乗用車を電動にしたければ、むこう一五年以内に、販売する自動車をほぼ一〇〇パーセント、電気自動車にしなければならない。現在、電気自動車のシェアは二パーセント未満だ。

先にも触れたように、ゼロを達成するもうひとつの方法が、すでに大気中にある炭素を使った代替液体燃料への切り替えだ。そのような燃料を燃やしても、空気にさらなる炭素を加えることにはならない。燃料がつくられたときにあった場所へ同じ炭素を戻すだけだ。

〝代替燃料〟と聞くと、エタノール、つまり通常トウモロコシ、サトウキビ、テンサイからつくられるバイオ燃料を思い浮かべるかもしれない。もしあなたがアメリカにいたら、自動車を運転するときには、おそらくこのバイオ燃料をすでに一部使っている。アメリカで売られているガソリンの大部分には、エタノールが一〇パーセント含まれているからだ。そのほとんどはトウモロコシからつくられている。ブラジルにはサトウキビからつくられたエタノールだけで走る自動車がある。そのほかは、エタノールを少しでも使っている国はほとんどない。

問題は次の点にある。すなわち、トウモロコシ由来のエタノールは炭素ゼロではなく、つくり方によっては低炭素ですらないということだ。作物を育てるには肥料がいる。トウモロコシを燃料に換える精製工程でも排出物が出る。それに燃料のために作物を育てると、食料を育てられたはずの土地を使うことになる。場合によっては、食用作物を育てる場所を確保するために、農家は森林を伐採せざるをえないかもしれない。

とはいえ、代替燃料に見こみがないわけではない。進歩した第二世代のバイオ燃料があり、従来のバイオ燃料が抱えていた問題が解消されている。食用ではない植物からつくることができ（スイッチグラスのサラダが大好物だというのなら、話は別だが）、農業残渣《ざんさ》（トウモロコシの茎など）や紙をつくったときの副産物、食品廃棄物や庭から出るごみからでもつくることができる。食用作物ではないので、肥料はほとんど、あるいはまったく必要なく、人間や動物の食料にもっぱら使えるはずの農地で育てる必要もない。

次世代バイオ燃料の一部は、専門家が〝ドロップイン〟燃料と呼ぶものになる。つまり、従来のエンジンに手を加えることなくそのまま使える（〝投入《ドロップイン》できる〟）ということだ。さらにもうひとつ利点がある。すでに巨額の資金を投じてつくって維持してきたタンカー、パイプライン、その他のインフラをそのまま使って輸送できるのだ。

僕はバイオ燃料の未来を楽観視しているが、これは一筋縄ではいかない分野だ。ブレークスルーを実現するのがいかにむずかしいか、それがわかる経験を僕自身もしている。数年前、木などのバイオマスを燃料にする独自の工程をもつアメリカ企業のことを知った。僕はその会社の施設を訪れて感銘を受け、必要な調査をしたあと、五〇〇〇万ドルを投資した。しかし、その技術はうまく機能しなかった。さまざまな技術上の問題があり、同社の施設では経済的に生産できるだけの量をとてもつくれなかったのだ。結局、僕が訪れた施設は閉鎖された。五〇〇〇万ドルかけたのに失敗に終わったわけだが、後悔はしていない。うまくいかないものが多いとわかっていても、さまざまなアイデアを模索しなければならないからだ。

残念ながら次世代バイオ燃料の研究にはまだ資金がじゅうぶんに投じられておらず、輸送システムを脱炭素化するのに必要な規模で展開できる状態ではない。そのため、ガソリンの代わりにそれを使うとかなり高くつく（一九〇頁の表）。バイオ燃料やその他のクリーンな燃料の正確なコストについては専門家の意見が分かれていて、積算額には幅があるので、表ではいくつかの研究から計算した平均コストを用いることにする。

バイオ燃料は植物からエネルギーを得るが、代替燃料をつくる方法はほかにもある。炭素ゼロの電気を使って水のなかの水素と二酸化炭素のなかの炭素を結びつけ、炭化水素燃料をつくることもできるのだ。電気を使うことから〝電気燃料《エレクトロフューエル》〟とも呼ばれるこうした燃料には、多くの利点がある。これはドロップイン燃料であり、大気から回収した二酸化炭素を使ってつくるので燃

ガソリンを次世代バイオ燃料に替えた際のグリーン・プレミアム[8]

燃料の種類	1ガロンあたりの小売価格	1ガロンあたりの炭素ゼロの選択肢	グリーン・プレミアム
ガソリン	$2.43	$5.00（次世代バイオ燃料）	**106%**

＊なお、この表とこのあとの表の小売価格は、2015 年から 2018 年までのアメリカの平均である。炭素ゼロの選択肢は、現在の推定価格を反映している。

やしても全体の排出量は増えない。

　しかし、電気燃料には欠点がひとつある。非常に高くつくのだ。それをつくるには水素が必要になり、第4章で触れたように、炭素を排出せずに水素をつくるには大きなコストがかかる。また、電気燃料をつくる際にはクリーンな電気を使わなければ意味がないが、僕たちの電力網には、燃料をつくるために利用できるだけの安くてクリーンな電気がまだない。こうした理由から、電気燃料のグリーン・プレミアムは高くなる（一九一頁の表）。

　平均的な家庭にとって、これは何を意味するのか。アメリカの典型的な家庭は、年におよそ二〇〇〇ドルをガソリンに費やす[10]。したがって、アメリカで走っている普通乗用車一台につき、燃料の価格が倍になれば二〇〇〇ドルのプレミアム、三倍になれば四〇〇〇ドルのプレミアムということになる。

　ごみ収集車、バス、トレーラー。残念ながら、長距離バスやトラックにとってバッテリーはあまり実用的な選択肢ではない。動かす乗り物が大きくなればなるほど、そして充電なしで運転する距離が長くなれば長くなるほど、電気でエンジンを動かすのはむ

ガソリンを炭素ゼロの代替物に替えた際のグリーン・プレミアム[9]

燃料の種類	１ガロンあたりの小売価格	１ガロンあたりの炭素ゼロの選択肢	グリーン・プレミアム
ガソリン	$2.43	$5.00（次世代バイオ燃料）	**106%**
ガソリン	$2.43	$8.20（電気燃料）	**237%**

ずかしくなる。バッテリーは重たく、限られた量のエネルギーしか蓄えられず、しかも一度に一定量のエネルギーしか供給できないからだ（大型トラックを走らせるには、小型ハッチバックを走らせるときよりも強力なエンジンとたくさんのバッテリーが必要になる）。

ごみ収集車や路線バスなどの中型車は、通常は電気が現実的な選択肢になるぐらいの軽さだ。比較的短いルートを走り、毎晩同じ場所に駐められるという利点もあるので、充電スタンドも設置しやすい。一二〇〇万人が暮らす中国の深圳《シンセン》市では、一万六〇〇〇台を超えるバスすべてと、タクシーの三分の二近くを電動化した[11]。中国で売られている電動バスの数を考えると、一〇年以内にバスのグリーン・プレミアムはゼロになり、世界のほとんどの都市が電動バスに移行できるようになると思われる。

距離とパワーを増やしたければ（たとえば、生徒を乗せたスクールバスで地域を一周するのではなく、荷物を載せた大型トレーラーで国を横断するのなら）、バッテリーをたくさん増やす必要がある。バッテリーを増やすと重たくなる。とても重たくなる。

中国の深圳市は１万 6,000 台のバスすべてを電動化した。[12]

同じ重さで比べると、いま手にはいる最高性能のリチウムイオン電池に詰めこめるエネルギーは、ガソリンの三五分の一だ。つまり、ガソリンと同じ量のエネルギーを得るには、ガソリンの三五倍の重さのバッテリーが必要になる。

これは実際にはどういうことなのか。カーネギー・メロン大学で機械工学を教えるふたりの研究者が二〇一七年におこなった研究によると、一度の充電で電動トラックを六〇〇マイル（約九七〇キロメートル）走らせようとすると、大量のバッテリーが必要になるため、積める荷物は二五パーセント減ってしまう[13]。九〇〇マイル走るトラックとなると、もはや問題外だ。あまりにもたくさんバッテリーが必要になって、荷物をほとんど積めない。

ディーゼル油を炭素ゼロの代替物に替えた際のグリーン・プレミアム(14)

燃料の種類	１ガロンあたりの小売価格	１ガロンあたりの炭素ゼロの選択肢	グリーン・プレミアム
ディーゼル油	$2.71	$5.50（次世代バイオ燃料）	**103%**
ディーゼル油	$2.71	$9.05（電気燃料）	**234%**

ディーゼル油で動く普通のトラックは、給油なしで一〇〇〇マイル以上走る。したがってアメリカの全トラックを電動化しようと思ったら、運送会社は荷物をあまり積めず、充電のためにいまより頻繁に停車して、何時間もかけて充電し、充電スタンドがないハイウェイをなんらかの手段で長距離走る必要がある。これを近いうちに実現できるとは思えない。電気は短距離を走るにはいい選択肢だが、長距離の大型トラックには実用的な解決策ではない。

トラックは電動化できないので、現在ある解決策は電気燃料と次世代バイオ燃料だけだ。残念ながら、どちらもグリーン・プレミアムは非常に高い（上の表）。

船と飛行機。少し前のことだ。友人のウォーレン・バフェットと飛行機を脱炭素化する方法について話していると、こう尋ねられた。「どうしてジャンボジェットをバッテリーで飛ばせないんだ？」ウォーレンはすでに、ジェット機が離陸するときに重量の二〇〜四〇パーセントを占める燃料を積んでいることを知っていた。したがって、ジェット燃料と同じエネルギーを得るには三五倍の重さのバッテリーが必要だという驚きの事実を話すと、すぐに事情を理解した。必要なパ

ジェット燃料を炭素ゼロの代替物に替えた際のグリーン・プレミアム[16]

燃料の種類	1ガロンあたりの小売価格	1ガロンあたりの炭素ゼロの選択肢	グリーン・プレミアム
ジェット燃料	$2.22	$5.35（次世代バイオ燃料）	**141%**
ジェット燃料	$2.22	$8.80（電気燃料）	**296%**

ワーが大きくなればなるほど、飛行機は重たくなる。どこかの時点で重すぎて離陸できなくなるのだ。ウォーレンはにっこり笑ってうなずき、ただ「ああ」と言っただけだ。

コンテナ船やジェット旅客機ほど重たいものを動かそうとするときには、先に触れた〝動かす乗り物が大きくなればなるほど、そして充電なしで運転する距離が長くなればなるほど、電気でエンジンを動かすのはむずかしくなる〟という経験則が法則になる。起こるとは考えにくいブレークスルーが仮に起これば別だが、そうでなければバッテリーは飛行機や船を長い距離動かせるほど、軽くも強力にもならないだろう。

現時点での最先端技術を考えてみよう。すべて電気で動く飛行機のなかで、市場に出ている最高性能のものは、ふたりを乗せられ、最高時速は三四〇キロメートルで、充電なしで三時間飛べる。一方で中型機のボーイング787は、二九六人を乗せられ、時速は一〇四六キロメートルに達し、給油なしで二〇時間近く飛ぶことができる[15]。つまり化石燃料で飛ぶジェット旅客機は、市場に出ている最高性能の電動飛行機の三倍を超える速さで六倍長い時間飛ぶことができ、一五〇倍近

バンカー重油を炭素ゼロの代替物に替えた際のグリーン・プレミアム[18]

燃料の種類	１ガロンあたりの小売価格	１ガロンあたりの炭素ゼロの選択肢	グリーン・プレミアム
バンカー重油	$1.29	$5.50（次世代バイオ燃料）	**326%**
バンカー重油	$1.29	$9.05（電気燃料）	**601%**

くの人を運ぶことができるのだ。

バッテリーは改良がすすんではいるが、この差が縮まるとは考えにくい。運がよければ、バッテリーのエネルギー密度はいまの三倍まで上がる可能性がある。しかしその場合でも、ガソリンやジェット燃料の一二分の一の密度にしかならない。ジェット燃料の代わりに電気燃料と次世代バイオ燃料を使うのが最善の策だが、一九四頁の表を見るとわかるように、プレミアムはとても高い。

同じことは貨物船にもいえる。[17]最上級の従来型コンテナ船は、現在稼働している二隻の電動船のどちらと比べても二〇〇倍の荷物を運ぶことができ、四〇〇倍の長距離を航行できる。大海原を端から端まで横断しなければならない船には大きな利点だ。

コンテナ船が世界経済できわめて重要な役割を果たすようになっていることを考えると、液体燃料以外のものでそれを動かすのが経済的に成り立つ日がくるとは思えない。ただ、代替燃料に切り替えるのは、人間にとって非常にいいことだ。船舶からの炭素排出だけで全体の三パーセントを占めているので、そこでクリーンな燃料を使えば、有意義な排出削減につながる。しかし不幸なことに、コンテナ船が使う

現在の燃料を炭素ゼロの代替物に替えた際のグリーン・プレミアム[19]

燃料の種類	1ガロンあたりの小売価格	1ガロンあたりの炭素ゼロの選択肢	グリーン・プレミアム
ガソリン	$2.43	$5.00（次世代バイオ燃料）	**106%**
ガソリン	$2.43	$8.20（電気燃料）	**237%**
ディーゼル油	$2.71	$5.50（次世代バイオ燃料）	**103%**
ディーゼル油	$2.71	$9.05（電気燃料）	**234%**
ジェット燃料	$2.22	$5.35（次世代バイオ燃料）	**141%**
ジェット燃料	$2.22	$8.80（電気燃料）	**296%**
バンカー重油	$1.29	$5.50（次世代バイオ燃料）	**326%**
バンカー重油	$1.29	$9.05（電気燃料）	**601%**

〝バンカー重油〟と呼ばれる燃料はとてつもなく安い。石油精製の過程で出る残り物からつくられるからだ。現在の燃料があまりにも安いので、船舶のグリーン・プレミアムは一九五頁の表のようにとても高くなる。

本章で取り上げたすべてのグリーン・プレミアムをまとめると、上の表のようになる。

これを受け入れようという人は、どれぐらいいるだろうか。はっきりとはわからない。しかし、最後にアメリカが連邦ガソリン税を引き上げたのは（少しでも増税したのは）、二五年以上も前の一九九三年のことだ。アメリカ人がガソリンにいまより多くのお金を払いたがっているとは、僕には思えない。

輸送からの排出量を減らすには、四つの方法がある。ひとつは頻度を減らすことだ。自動車を運転し、飛行機を飛ばし、船を動かす回数を少なくする。歩いたり、自転車に乗ったり、自動車《カー》の相乗《プーリング》りをしたりというように、代わりとなる移動手段をもっと使えるようにすべきであり、効果的な都市計画によってまさにそれに取り組んでいる街もある。

排出削減のふたつめの方法は、そもそも自動車をつくるときに、炭素をたくさん排出する資材をあまり使わないようにすることだ――もっとも、それは本章で扱ってきた燃料由来の排出には影響しないが。第5章で触れたように、自動車はすべて鋼鉄やプラスティックなど温室効果ガスを出さずに製造することができない資材でつくられている。こういう資材を減らせば、自動車のカーボン・フットプリントは低くなる。

排出削減の三つめの方法は、燃料をより効率的に使うことだ。少なくとも乗用車とトラックについては、この問題に議員やメディアがかなり関心を向けている。ほとんどの主要国には乗用車やトラックの燃費基準があって、大きな効果を生んでいる。それを満たすために自動車会社が先進的な工学技術に資金を投じ、さらに燃費のいいエンジンをつくっているからだ。

しかし、そうした基準が徹底されているとはいえない。たとえば国際海運と国際航空の排出基準も提示されてはいるが、強制力はほとんどない。大西洋の真ん中にいるコンテナ船からの炭素排出は、いったいどの国の管轄になるのか。

それに、燃費のいい自動車をつくって使うことは、正しい方向にすすむ重要なステップではあるが、ゼロの達成にはつながらない。量が減ってもガソリンを燃やしていることに変わりはないからだ。

そこで、輸送からの排出ゼロへと向かう四つめの方法へ話を移そう。電気自動車と代替燃料への切り替えで、これが最も効果的な方法だ。本章で論じたように、いずれの選択肢も現時点ではある程度のグリーン・プレミアムをともなう。どうすればそれを減らせるのかを見ていこう。

いかにグリーン・プレミアムを減らすか

乗用車のグリーン・プレミアムは下がっていて、いずれゼロになる。たしかにいまの自動車の代わりに燃費のいい自動車や電気自動車が使われるようになると、ガソリン税の収入が減り、道路の建設と維持の資金が少なくなる可能性がある。失った税収を埋め合わせるために、アメリカの各州はナンバープレート更新の際に電気自動車のオーナーから追加料金を徴収することもあり、この章を書いている時点で一九の州がそれを実行している。しかしそのために、電気自動車がガソリン車と同じぐらい安くなるまでにかかる時間がさらに一、二年のびる。

電気自動車はほかにも逆風に晒されている。アメリカ人は大量にガソリンを消費する大きなピックアップトラックが大好きなのだ。二〇一九年、アメリカ人は五〇〇万台を超える自動車と一二〇〇万台を超えるトラックおよびSUVを購入した[20]。これらのうち、ガソリン以外で走るのは二パーセントだけだ。

状況を好転させるには、なんらかの独創的な政策が求められる。電気自動車を買うようあと押しする政策を採用し、電気自動車をもつことがより実際的になるように充電スタンド網をつくれば、移行をスピードアップできる。全国的な取り組みがあれば、電気自動車の供給を増やしてコストを下げられる。中国、インド、ヨーロッパのいくつかの国は、これからの数十年で化石燃料の自動車（大部分は乗用車）を段階的に減らしていくと発表している。カリフォルニア州は、二〇二九年までに購入するバスはすべて電動にして、二〇三五年までにガソリン車の販売を禁止するとしている。

次に、これらの電気自動車をすべて走らせるには、クリーンな電気がたくさん必要になる。これもまた、再生可能なエネルギー源を活用し、第4章で紹介した発電と蓄電のブレークスルーを追求するのが非常に重要である所以だ。

また、原子力コンテナ船も検討すべきだ。たしかにリスクはある（たとえば、船が沈没したときに核燃料が漏れ出ないようにしなければならない）が、技術的な問題の多くはすでに解消されている。そもそも、軍用潜水艦や空母はすでに原子力で動いているのだ。

最後に、次世代バイオ燃料と安価な電気燃料をつくるために、あらゆる方法を全力で探す必要がある。企業と研究者は、いくつかの異なる方法を模索している。たとえば水素をつくるのに電気や太陽光を使ったり、副産物として自然に水素を発生させる微生物を使ったりする新手法などだ。多くの方法を探求すればするほど、ブレークスルーを実現できる可能性が高まる。

これほど複雑な問題への解決策を、一文で簡潔にまとめられることはめったにない。しかし輸送については、炭素ゼロの未来は基本的に次のようになる。自動車は可能なかぎりすべて電気で動かし、ほかのものには安い代替燃料を使う。

第一のグループは乗用車、ピックアップトラック、小型・中型トラック、バスだ。第二のグループは長距離トラック、列車、飛行機、コンテナ船である。コストについていうと、電気乗用車は近いうちにガソリン車をもつのとほとんど変わらなくなる。これはすばらしいことだ。しかし残念なことに代替燃料はまだかなり高価だ。値段を下げるためのイノベーションが求められる。

本章では、人やものを場所から場所へと移動させる手段を取り上げた。次はその行き先である家やオフィス、学校について話し、暖かくなった世界でそうした場所を快適に保つために必要なことを説明したい。

第８章　冷やしたり暖めたりする

年間五一〇億トンの七パーセント

マラリアにいいところがあるとは思ってもみなかった。年間四〇万人がマラリアで死亡していて、そのほとんどが子どもだ。ゲイツ財団もマラリア根絶に向けた地球規模の取り組みに参加している。だから少し前に、マラリアにも実はひとついいところがあるのだと知って驚いた。マラリアは空調の誕生にひと役買ったのだ。

何千年ものあいだ、人間は暑さを克服しようとしてきた。(1)古代ペルシアの建物には〝バードギール〟と呼ばれる風を取りこむ塔が備えられていて、そこから空気を通して室内の気温を下げた。しかし、わかっているかぎり最初の冷たい空気をつくる機械は、一八四〇年代にジョン・ゴリーにより発明された。(2)ゴリーはフロリダの医師で、気温を下げればマラリア患者の回復に役立つと考えたのだ。

現在、マラリアは原虫によって引き起こされることがわかっているが、当時は悪い空気が原因だと広く考えられていた（したがって、悪い空気《マル＝アリア》と名づけられた）。ゴリーは病棟の温度を下げるために大きな氷の塊を天井から吊るし、そこに空気を通す装置を取りつけた。しかし氷はすぐに溶けてしまい、氷は北部から運んでこなければならず高価だったので、ゴリーは氷をつくる機械を自分で設計した。やがて製氷機の特許を取り、医者をやめてこの発明品を売りこもうとしたが、残念ながらその計画は失敗に終わる。一連の不幸な出来事を経て、一八五五年にゴリーは無一文で亡くなった。

それでもこのアイデアは花ひらいた。一九〇二年、ウィリス・キャリアという技術者が空調に次の大きな進歩をもたらす。キャリアは勤めていた会社からニューヨークの印刷所に派遣され、印刷機から出た雑誌のページに皺が寄らないようにする方法を考えるよう指示された。そして湿度が高いせいで皺ができるのだと気づき、部屋の湿度と室温をともに下げる機械を設計する。本人は知るよしもなかったが、空調産業がそのときに誕生したのである。

最初の空調装置が民家に設置されてからわずか一〇〇年ほどの現在、アメリカの九〇パーセントの家庭になんらかの空調装置が備えられている(3)。ドーム球場で野球やコンサートを楽しめるのは空調のおかげだ。それにフロリダやアリゾナは、エアコンがなければいまほど退職者に人気の場所にはならないだろう。

空調はもはや、ただ夏の日を快適に過ごすための贅沢品ではない。現代経済を支えているのだ。何千台ものコンピューターを備え、現在のコンピューターの進歩を可能にしているサーバー・ファーム（音楽や写真を保存するクラウド・サービスを動かしているのもこれだ）では、大量の熱が発生する。その温度を低く保っておかなければ、サーバーがダウンしてしまう。

もしあなたが典型的なアメリカの家で暮らしていたら、持ち物のなかで最も電気を消費するのはエアコンだ。照明、冷蔵庫、パソコンを合わせた量よりも多くの電気を消費する。* 電気による炭素排出は第4章で計算したが、空間冷却は現在も未来もきわめて重要な排出源なので、ここでもう一度取り上げている。また、空調装置は最もたくさん電気を必要とするが、アメリカの家庭や会社で最もたくさんエネルギーを消費するものではない。最もエネルギーを使うのは暖炉と温水器である（これはヨーロッパやほかの多くの地域でも同じだ）。空気と水を暖めることについては、次の節で取り上げる。

冷たい空気が好きでそれを必要としているのは、アメリカ人だけではない。世界中で一六億台のエアコンが使われているが、その分布は不均等だ[4]。アメリカなどの豊かな国では九〇パーセント以上の家庭にエアコンがあるのに、世界で最も暑い国ぐにでは一〇パーセント未満である（二〇四頁のグラフ）。

つまり人口が増え、豊かになり、熱波の厳しさと頻度が高まるにつれて、いまよりずっと多く

*世界中で空間冷却に使われるエネルギーの九九パーセントを電気が占める。残り一パーセントのほとんどは、天然ガスで動くエアコンの冷却装置だ。天然ガスで動く空調システムは一戸建て住宅用のものが存在するが、市場でのシェアはほんのわずかなので、エネルギー情報局はデータの収集すらしていない。

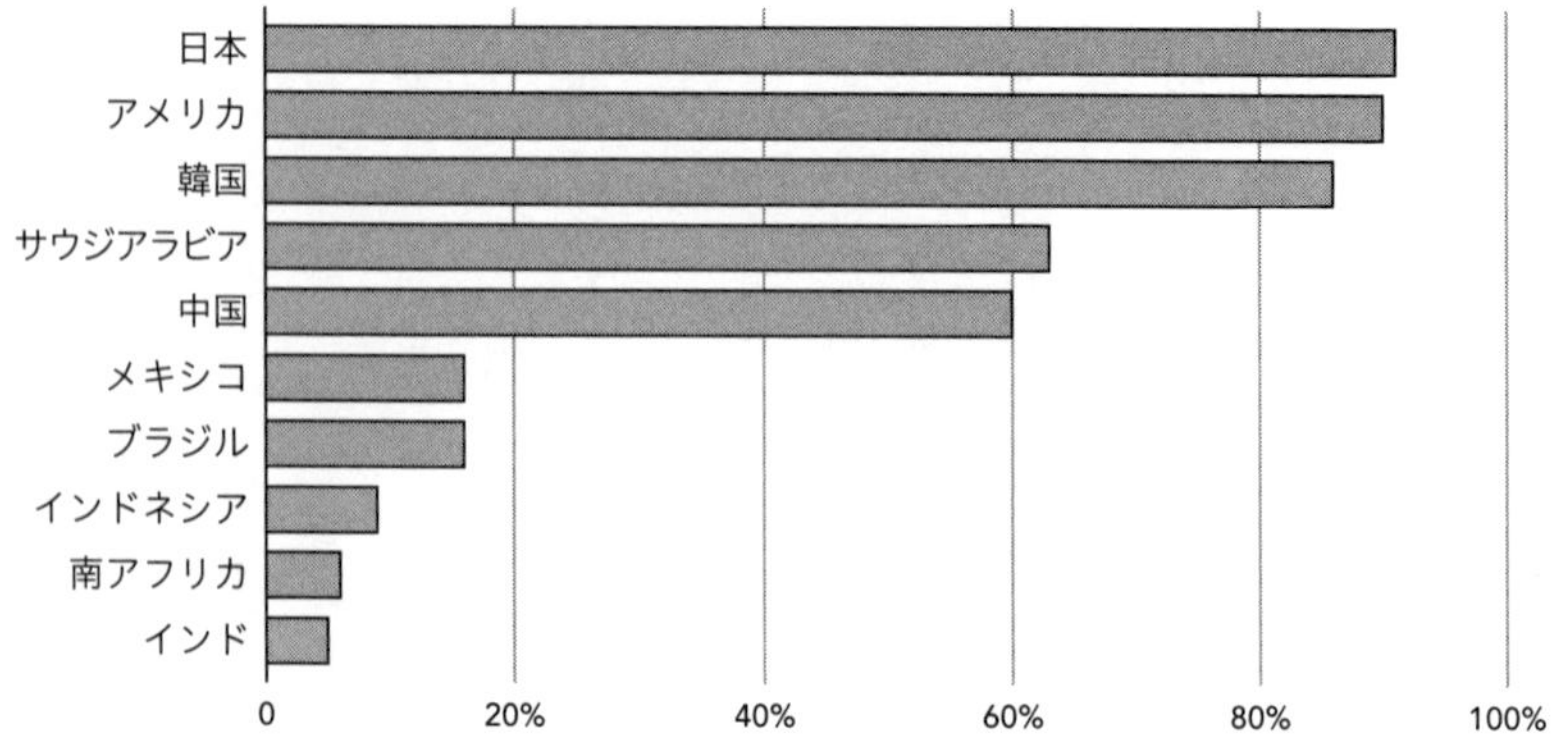

エアコンは普及していく。 ほとんどの家庭にエアコンがある国もあれば、まだあまり普及していない国もある。むこう数十年間で、このグラフの下のほうの国はいまより暑く、豊かになっていき、いまよりたくさんエアコンを買って使うようになる（出典：国際エネルギー機関）。[5]

のエアコンが使われるようになるということだ。中国では二〇〇七年から二〇一七年までのあいだに三億五〇〇〇万台増加し、いまやエアコンの世界最大の市場になっている。世界全体で見ると、二〇一八年だけで一五パーセントも販売が増えていて、そのかなりの部分がとりわけ気温の高い四つの国での増加だった。ブラジル、インド、インドネシア、メキシコである。[6] 二〇五〇年には世界中で使用されるエアコンは五〇億台を超えると予想されている。

皮肉なことに、温暖化した気候のなかで生き抜くためにまさにしていること、つまりエアコンの使用が、気候変動をいっそう悪化させかねない。そもそもエアコンは電気で動くので、台数が増えればさらに電気が求められる。実際、国際エネルギー機関（ＩＥＡ）の予想では、二〇五〇年までに冷却のためのエネルギー需要は三倍になる。その時点では、中国とインドの全土で現在使われているのと同じ量の電気がエアコンのために使われていることになる。

これは熱波に苦しむ人たちにはいいことだが、気候にはよくない。世界のほとんどの場所で、発電はいまも炭素をたくさん排出するプロセスだからだ。したがって、エアコン、照明、コンピューターなど、建物で使われる電気をすべて合わせると、全温室効果ガス排出量の一四パーセント近くを占める。

エアコンはほとんど電気で動くため、冷房のグリーン・プレミアムは計算しやすい。エアコンを脱炭素化するには、電力網を脱炭素化する必要があるのだ。これもまた、第４章で見たような発電と蓄電におけるブレークスルーが必要な理由のひとつだ。それがなければ炭素の排出は増えつづけ、悪循環に陥る。家やオフィスをどんどん冷やし、気候をどんどん温暖化させることになるのだ。

さいわい、こうしたブレークスルーを待つ必要はない。エアコンに必要な電気の量を減らし、冷房による排出を削減するためにいまできることがある。それを実行するのに技術的な壁もない。ほとんどの人は、市場にある最も省エネルギー型のエアコンを買っていないのだ。ＩＥＡによると、現在購入されている典型的なエアコンは、広く流通している機種の半分、最高性能機種の三分の一の効率しかない。

その原因はおもに、消費者がエアコンを選ぶときに必要な情報をすべて提供されていないことにある。たとえば、効率性が低い機種は買うときには安くても、電気をたくさん使うので長期的には高くつく可能性がある。しかしそのことが本体に明記されていなければ、選ぶときに知りようがない（そのような表示はアメリカでは義務づけられているが[7]、世界のほかの場所では義務づけられていない）。また、エアコンの効率性に最低基準が設けられていない国も多い。ＩＥＡの調査によると、こうした問題を解消する政策を導入するだけで、世界でエアコンの平均効率を倍にすることができ、今世紀なかばまでに冷房のためのエネルギー需要を四五パーセント減らせる。

残念ながら、エアコンの問題は電気の需要だけではない。エアコンには冷媒（フッ素が含まれているのでＦガス《フロン》と呼ばれる）が使われていて、老朽化したり壊れたりするとそれが少しずつ漏出していく。自動車のエアコンの冷却液を交換したことがある人なら、知っているにちがいない。Ｆガスは気候変動にすさまじく大きな影響を与える。一〇〇年のあいだに、Ｆガスは同じ量の二酸化炭素の数千倍の温暖化を引き起こす。あまり聞いたことがないとしたら、それは温室効果ガスのなかでさほど大きな割合を占めていないからだ。アメリカでは、排出量のおよそ三パーセントである。

ただ、Ｆガスに注意が払われてこなかったわけではない。二〇一六年には一九七カ国の代表が、二〇四五年までに特定のＦガスの生産と使用を八〇パーセント超削減することを決めた。この義務を設定することが可能になったのは、さまざまな企業が、Ｆガスの代わりに害の少ない冷却液を使う、新しい空調の方法を開発しているからだ。このアイデアはまだ開発の初期段階にあり、商品化できるのはかなり先だが、温暖化を進行させることなく涼しさを保つのに必要なイノベーションの好例だといえる。

地球温暖化についての本で、暖かくして過ごすことを論じるのはおかしいと思われるかもしれない。外はすでに暑いのに、どうして部屋の温度を上げるのか。ひとつには、熱で暖めるのは空気だけではないからだ。シャワーから食器洗い機、工業プロセスまで、あらゆる目的のために水も温める必要がある。ただ、さらに重要なのは、冬がなくならないことだ。地球全体の気温が上がっても、世界中の多くの場所ではやはり氷点下になり雪が降る。それに冬は、再生可能エネルギーを利用する人たちには特に厳しい。たとえばドイツでは、冬は利用できる太陽光の量が九分の一ほどに落ちこむことがあり、風が吹かない時期もある。それでもやはり電気は必要だ。電気がなければ人は自宅で凍死してしまう。

暖炉と温水器を合わせると、世界の建物からの全炭素排出量の三分の一を占める。照明やエアコンとは異なり、そのほとんどは電気ではなく化石燃料で動く（天然ガス、灯油、プロパンのどれを使うかは、おおむね住んでいる場所による）。つまり電力網をクリーンにするだけでは、お湯と暖かい空気は脱炭素化できないということだ。石油とガス以外の何かから熱を得る必要がある。

暖房と温水器の炭素ゼロへの道は、乗用車の道と同じようなものになる。（一）可能なかぎり電化して、天然ガスの温水器や暖炉を使うのをやめる。（二）そのほかをすべてまかなうクリーンな燃料を開発する。

うれしいことに、第一段階のグリーン・プレミアムは実はマイナスにできる。ガソリン車よりも費用がかさむ電気自動車とは異なり、電気冷暖房はすべて節約につながるのだ。これはゼロから新しく建物をつくるときでも、古い家にあとから装置を取りつけるときでも同じだ。電気のエアコンとガス（あるいは石油）の暖房を電気のヒートポンプに替えると、ほとんどの場所で全体のコストは下がる。

ヒートポンプのアイデアは、はじめて聞くと奇妙に感じるかもしれない。水や空気をポンプで汲み上げるのはすぐに想像できるが、いったいどうやって熱をポンプで汲み上げるのか。

ヒートポンプは、気体や液体が膨張したり圧縮したりすると温度が変わることを利用する。閉じたループ状のパイプのなかで冷媒を移動させて、その途中で圧縮機《コンプレッサー》と特別な弁を使って圧力を変える。冷媒はある場所で熱を吸収し、ほかの場所でその熱を解き放つ。これがヒートポンプの仕組みだ。冬には熱を外から室内に運び（これはすさまじく寒い地域でなければどこでも可能だ）、夏には反対に熱を室内から屋外に汲み出す。

謎めいたもののように聞こえるかもしれないが、実はそんなことはない。あなたの家にもヒートポンプがすでにあって、おそらくいまこの瞬間も動いている。冷蔵庫だ。冷蔵庫の下から吹い

アメリカの都市で空気熱利用ヒートポンプを設置した際のグリーン・プレミアム[8]

都市	天然ガス暖房と電気エアコンのコスト	空気熱利用ヒートポンプのコスト	グリーン・プレミアム
ロードアイランド州プロヴィデンス	$12,667	$9,912	**−22%**
イリノイ州シカゴ	$12,583	$10,527	**−16%**
テキサス州ヒューストン	$11,075	$8,074	**−27%**
カリフォルニア州オークランド	$10,660	$8,240	**−23%**

てくる温風は、食べ物から熱を運び去って冷やしている証《あかし》だ。

ヒートポンプによって、どれだけお金を節約できるのか。街によって異なり、冬の厳しさや電気と天然ガスの費用、その他の要因にもよるが、いくつか例を挙げよう（上の表）。アメリカの都市で新築の建物にヒートポンプを取りつけ、一五年間使用した際にいくら節約できるかを示したものだ。

既存の家にあとから取りつけた場合には節約できる額が減るが、それでもやはりヒートポンプに替えるとほとんどの都市で費用が下がる。たとえばヒューストンでは一七パーセント減だ。シカゴでは天然ガスが異様に安いため、費用は六パーセント上がる。古い家のなかには、新しい装置をつけられるスペースがないところもあるので、そもそも交換できない可能性もある。

とはいえ、グリーン・プレミアムがマイナスであることから、当然の疑問が生じる。ヒートポンプがそれほど得なのであれば、どうしてアメリカの家庭の一一パーセントでしか使われていないのか(9)。

ひとつには、暖炉を交換するのはせいぜい一〇年に一度ほどで、ほとんどの人はなんの問題もなく使えている暖炉をヒートポンプに交換するほどの金銭的な余裕がないからだ。

ただ、ほかにも理由がある。時代遅れの政策だ。一九七〇年代のエネルギー危機以降、エネルギー使用量の削減がすすめられてきたので、各州の政府はさまざまなインセンティブを提供し、比較的効率の悪い電気のものよりも天然ガスの暖炉と温水器を優遇してきた。一部の州は建築基準法を改正して、住宅所有者がガス器具を電気の代替品と取り替えにくいようにしている。炭素排出対策よりも省エネルギーによる効率化を重んじるこうした政策の多くはいまも有効で、ガスを燃やす暖炉を電気ヒートポンプに交換して炭素排出を減らす選択をする際の足枷《あしかせ》になっている。そのほうがお金も節約できるにもかかわらずだ。

よくあるばかげた規則と同じように、こうした規制はもどかしい。しかし別の角度から見ると、これはいいことでもある。この分野で排出を削減するには、電力網を脱炭素化するほかに技術面でさらなるブレークスルーを起こす必要はない。電気を使う選択肢はすでに存在し、広く入手可能で、価格も互角どころかむしろ安くつくのだ。必要なのは、ただ政府の政策を時代に追いつかせることだけだ。

むろん、暖房や給湯からの排出をゼロにするのは技術的に可能だが、残念ながらすぐにそれが実現するわけではない。すでに見た自滅的な規制を改正したとしても、一夜にしてすべてのガスの暖炉と温水器が電気のものと取り替えられるとは現実的には考えにくい。世界のすべての乗用車をいきなり電気自動車に替えられると考えるのが非現実的なのと同じだ。現在の暖炉の耐用年数を考えると、二〇五〇年までにガスの暖炉をすべてなくすことを目指すのなら、二〇三五年までにその販売をやめる必要がある。現在、アメリカで売られている暖炉のおよそ半分はガスで動く製品だ。世界では暖房のためのエネルギーに化石燃料が電気の六倍使われている。

これもまた、第7章で取り上げた次世代バイオ燃料や電気燃料が必要とされる理由になる。そうした燃料は、いま使われている暖炉や温水器にそのまま使えて、大気中の炭素も増やさない。しかし現時点では、二一二頁の表のように、いずれの選択肢もグリーン・プレミアムはきわめて高い。

この表に見られるプレミアムが、典型的なアメリカの家庭にとって何を意味するのか見てみよう。家の暖房を灯油でまかなっていたら、次世代バイオ燃料を使う場合は一三〇〇ドル、電気燃料を選べば三二〇〇ドルの費用が追加でかかる。天然ガスで暖房をまかなっていたら、次世代バイオ燃料に切り替えるとひと冬あたり八四〇ドルの出費増になる。電気燃料に切り替えたら、ひと冬あたり二六〇〇ドル近くの増加だ。[10]

第7章で論じたように、これらの代替燃料の価格を引き下げなければならないのは明らかだ。

現在の暖房用燃料を炭素ゼロの代替物に替えた際のグリーン・プレミアム[11]

燃料の種類	現在の小売価格	炭素ゼロの選択肢	グリーン・プレミアム
灯油（1ガロンあたり）	$2.71	$5.50（次世代バイオ燃料）	**103%**
灯油（1ガロンあたり）	$2.71	$9.05（電気燃料）	**234%**
天然ガス（1サームあたり）	$1.01	$2.45（次世代バイオ燃料）	**142%**
天然ガス（1サームあたり）	$1.01	$5.30（電気燃料）	**425%**

＊なお、1ガロンあたりの小売価格は、2015年から2018年までのアメリカの平均である。炭素ゼロの選択肢は、現在の推定価格。

また、ほかにも暖房の脱炭素化に向けてできることがある。

電化する。 できるかぎり電化をすすめ、ガスの暖炉や温水器を電気のヒートポンプと取り替える。一部の地域では、政府が政策を修正して、こうした改良を許可し、あと押しをしなければならない。

電気を脱炭素化する。 現在のクリーンなエネルギー源を有効に使えるところではそれを活用し、また、発電、蓄電、送電におけるブレークスルーに投資して、電力網を脱炭素化する。

省エネルギーをすすめる。 低排出より省エネルギーを優先する政策に数段落前で不満を述べたばかりなので、矛盾していると思われるかもしれない。しかし実際にはどちらも必要だ。

世界ではすさまじい建設ブームが起こっている。増えつづける都市人口を収容するために、二〇六〇年までに二三万平方キロメートル分の建物がつくられる。第2章で触れたように、四〇年間毎月ニューヨーク市規模の街をひとつつくるようなものだ。これらの建物の多くは、おそらくエネルギーを節約するようには設計されていないので、非効率的にエネルギーを使いながら数十年間使用されることになる。

さいわい、グリーンな建物のつくり方はすでにわかっている。グリーン・プレミアムを払う気さえあれば、環境にやさしい建物をつくることは可能だ。その極端な例が、世界で最もグリーンな商業ビルを謳《うた》うシアトルの〈ブリット・センター〉である。[12] ブリット・センターは、自然に冬は暖かく夏は涼しく保たれるように設計されていて、冷暖房の使用を減らせる。ほかにも非常に効率のいいエレベーターなど、さまざまな省エネルギー技術が用いられている。屋上の太陽光パネルのおかげで、ときには消費するよりも六〇パーセントも多くのエネルギーを生むことができるが、街の電力網にもつながっていて、夜間や特に曇っている時間帯にはその電気を使う。シアトルでは、曇りの日がかなり多い。

ブリット・センターの技術の多くは、現時点ではあまりにもコストがかかりすぎて広く普及させることはできない（それゆえ、完成して七年を経たいまでも世界で最もグリーンなビルのひと

シアトルのブリット・センターは、世界で最もグリーンな商業ビルのひとつだ。[13]

つだ)。しかし、自宅やオフィスを安い費用でより省エネルギーにすることはできる。不動産開発業者が〝スーパータイト・エンベロープ〟と呼ぶもの(空気の漏入や漏出が少ない構造)や、よい断熱材、三重窓、エネルギー効率のいいドアを使って設計すればいいのだ。僕は〝スマートガラス〟を使った窓にも関心をもっている。部屋を冷やす必要があるときには自動的に暗くなり、暖かくする必要があるときには明るくなる窓だ。新しい建築基準を設けることで、こうした省エネルギーのアイデアを広めるのをあと押しでき、市場を広げてコストを下げることができる。ブリット・センターほどとはいかなくても、多くの建物のエネルギー効率を上げることはできるのだ。

ここまでで、主要な五つの温室効果ガス排出源をすべて見た。電気を使うこと、ものをつくること、ものを育てること、移動すること、冷やしたり暖めたりすることだ。次の三点が明らかになっているとうれしい。

1　問題は非常に複雑で、人間の活動のほぼすべてが関係している。
2　僕たちのもとにはすでに道具の一部があり、いますぐそれを活用して排出削減に取り組むべきだ。
3　とはいえ、必要な道具がすべて揃っているわけではない。すべての部門でグリーン・プレミアムを引き下げる必要があり、そのためには多くの創意工夫が必要だ。

第10章から第12章では、具体的な手段を提案する。必要な道具を開発して展開するにあたって、最大のチャンスを与えてくれると僕が考えている手段だ。しかしその前に、僕がおおいに頭を悩ませている問題と向きあいたい。ここまで本書では排出を削減し、人間が暮らせなくなるほど気温が上がらないようにする方法をもっぱら論じてきた。では、すでに起こっている気候変動については何ができるのか。とりわけ、問題の原因になることはほとんどしていないのに最大の打撃を受ける世界の最も貧しい人たちを、いかにして助けることができるのか。

第９章　暖かくなった世界に適応する

本書では、排出ゼロを達成する必要があり、そのためにイノベーションがたくさん求められることを示してきた。しかしそれは一夜にして起こるわけではなく、ここで紹介してきた環境にやさしい製品が大規模に展開されて大きな効果を及ぼすまでには、数十年の時間がかかる。

その間にも、世界中であらゆる所得段階の人たちが、すでに気候変動の影響をなんらかのかたちでこうむっている。いま生きている人はみな、いまよりも暖かくなった世界に適応しなければならない。海水位と氾濫原が変化するにつれて、家や会社が置かれている場所を見なおさなければならなくなる。電力網、港湾、橋を強化する必要もある。マングローブ林も増やさなくてはならないし（マングローブについては、このあとで説明する）、暴風雨の早期警報システムも整備しなければならない。

こうした取り組みについては、本章のあとのほうで取り上げる。しかしまずは、気候大災害によってだれが最大の被害を受けるのか、適応のために最大の支援を受けてしかるべき人はだれなのか、そういった問題を考えるとき真っ先に僕が思い浮かべる人たちのことを話したい。その人たちには、心配すべき電力網、港湾、橋はあまりない。僕が国際保健と開発の仕事を通じて出会った低所得の人たちで、気候変動はその人たちに最悪の影響を及ぼしかねない。それに、その人たちの状況からは、貧困と気候変動と同時に闘うのがいかに複雑な問題かがよくわかる。

たとえば二〇〇九年、一・六ヘクタール（四エーカー）未満の農家（開発分野の用語では小規模農家と呼ばれる）の暮らしについて知るためにケニアを訪れたとき、僕はタラム一家と会った。レイバン、ミリアムの夫妻と子ども三人の家族だ。一家の農場は、ケニアで最も急速に成長している都市のひとつ、エルドレット郊外のでこぼこ道を数キロメートル走ったところにあった。わらぶき屋根の泥壁の小屋がいくつかと家畜の囲いひとつのほかはたいしたものがなく、農場は〇・八ヘクタールと野球場よりも狭い。しかし、この小さな土地で起こっていることを見るために遠方から何百人もの農業従事者がやってきて、タラム一家の取り組みに触れ、それを自分たちでも実践する方法を学んでいる。

レイバンとミリアムは正面の門で僕を出迎えてくれて、経験を語りだした。二年前、ふたりは自給農業をする小規模農家で、近所の家族のほとんどと同じく極貧の底にいた。トウモロコシ（世界中の多くの場所と同じで、ケニアでもメイズと呼ばれる）やその他の野菜を育て、一部を自分たちで食べて残りを市場で売った。レイバンは片手間に副業をして家計をやりくりする。収

2009年、ケニアのカビエットにある農場にミリアム・タラムとレイバン・タラムを訪ねた。ふたりは驚くべき成功を収めていたが、気候変動のせいで成果が台なしになる可能性がある。(1)

入を増やすために牛を一頭買い、一日に二度、乳を搾った。朝の牛乳を地元の商人に売って少額の現金に換え、夕方の牛乳は家族のためにとっておく。牛が一日に出す乳は、すべて合わせて三リットルだ。そのわずかな量を売り、五人の家族で分かち合っていた。

僕が会ったときには、タラム一家の暮らし向きはすっかりよくなっていた。牛は四頭になり、一日二六リットルの牛乳がとれた。毎日二〇リットルを売り、六リットルを自分たちのためにとっておく。牛のおかげで一日四ドル近くの稼ぎができた。ケニアのその地域では、それだけあれば家を改築し、輸出用のパイナップルを育てて、子どもを学校にかよわせることができる。

一家にとって転機になったのが、近所に牛乳の冷却施設ができたことだ。タラム一家や地域の農家が生乳を施設に持ちこむと、そこで冷やして保存され、やがて全国に運ばれて地元よりも高値で売られる。この施設は、ある種の研修施設としても機能している。地元の酪農家がそこを訪れて、より健康で生産的な家畜を育てる方法を学んだり、乳牛のワクチンを手に入れたりしているのだ。いい値段をつけられるように牛乳の汚染物質の検査までしてもらえて、基準に達しなければ品質向上のための助言ももらえる。

ケニアのタラム一家が暮らす地域では、人口のおよそ三分の一が農業に従事している。世界には五億戸もの小規模農家があり、貧困状態にある人の約三分の二が農業従事者だ。[2] しかし数が多いにもかかわらず、小規模農家は驚くほどわずかしか温室効果ガスを排出していない。化石燃料を使う製品やサービスをたくさん使えるだけの金銭的余裕がないからだ。ひとりあたりで見ると、典型的なケニア人はアメリカ人の五五分の一しか二酸化炭素を排出しておらず、タラム一家のような地方の農家では排出量はさらに少ない。[3]

しかし、第6章で触れた家畜の問題を憶えていたら、すぐにジレンマに気づくだろう。タラム一家は牛を増やしたが、牛はほかのどの家畜よりも気候変動に悪影響を与える。

タラム一家の例は特別ではない。多くの貧しい農家にとって、収入が増えることは、すなわち価値の高い資産に投資するチャンスである。ニワトリ、ヤギ、乳牛など、たんぱく質の供給源になり、乳や卵を売って追加収入を得られる動物を買うわけだ。これはもっともな判断であり、貧困削減に関心を寄せる人なら、そんなことをするなと言うのはためらうだろう。これは難問だ。収入が上がるにつれて、人は炭素を排出することをたくさんするようになるのである。だからこそイノベーションが必要だ。気候変動をさらに悪化させることなく、貧しい人たちが生活を向上させられるようにしなくてはならない。

ひどく不公平なことに、世界の貧困者は気候変動の原因になることを事実上何もしていないのに、その影響に最も苦しめられる。気候変動によって、アメリカとヨーロッパの比較的豊かな農家も問題に直面するが、アフリカとアジアの低所得農家は致命傷を負いかねない。

気候が暖かくなると、干魃と洪水が頻繁に起こるようになり、収穫物が全滅することも増える。家畜は餌をいまほど食べなくなり、とれる肉や乳も減る。空気と土の水分が減って、植物が使える水分が少なくなる。南アジアとサハラ以南のアフリカでは、数百万ヘクタールもの農地が大幅に乾燥する。作物を蝕む害虫が生息しやすい環境になり、すでに以前よりも広い範囲にはびこっている。栽培期も短くなる。気温が摂氏四度上昇すると、サハラ以南のアフリカのほとんどの場所で二〇パーセント以上短縮される可能性がある。

すでにぎりぎりの生活を送っている人にとっては、こうした変化のどれかひとつだけでも悲惨な結果につながりかねない。貯金がまったくない状態で作物が全滅したら、次に播く種を買うことができない。完全に破産だ。さらにこうした問題すべてのために、最も貧しい人たちにとって食料の値段がはるかに高くなる。すでに収入の半分を超える額を食料に使っている何億もの人が、気候変動のせいで価格の高騰に直面するのだ。

　食料が手にはいりにくくなるにつれて、すでに巨大な貧富の差がさらに広がる。現在、チャドで生まれた子どもは、フィンランドで生まれた子どもよりも、五歳の誕生日を迎える前に亡くなる可能性が五〇倍も高い。食料不足が広がると、必要な栄養をすべて摂取できない子どもがさらに増え、身体の自然免疫が弱まって、下痢、マラリア、肺炎で亡くなる可能性がずっと高くなる。ある研究によると、今世紀末までに暑さに関係した死者はいまより年間一〇〇〇万人近く増える可能性もあるといわれ（すべての伝染病による現在の死者数とおよそ同じだ）、その大多数が貧困国での死者だ。また生き残った子どもも、発育阻害になる可能性、つまり身体的、精神的に完全に発達しない可能性がはるかに高くなる。

　つまるところ、気候変動が貧困国に及ぼす最悪の影響は、健康の悪化、すなわち栄養不良率と死亡率の上昇である。したがって、最も貧しい人たちが健康状態を改善できるように手助けしなければならない。それにはふたつの方法がある。

　まず、栄養不良の子どもが生きのびられる可能性を高める必要がある。つまり、基礎的な保健《プライマリ・ヘルス・ケア》の制度を向上させ、マラリア予防を強化して、下痢や肺炎のような病気に対するワクチンを提供しつづけるということだ。当然ながら、ＣＯＶＩＤ－19のパンデミックによってすべて困難になってはいるが、世界はこれらをうまくやる方法をたくさん知っている。[4]ＧＡＶＩとして知られるワクチン・プログラムは二〇〇〇年以降、一三〇〇万人の死を未然に防いでおり、人類の最も偉大な功績のひとつに数えられる（ゲイツ財団もこの世界的な取り組みに協力していて、僕たちの最も誇らしい成果のひとつだと思っている）。気候変動によってこの進歩を帳消しにするわけにはいかない。それどころかこの動きを加速させ、ＨＩＶ、マラリア、結核などほかの病気のワクチンも開発して、必要とする人すべてに届ける必要がある。

次に、栄養不良の子どもの命を救うのに加えて、そもそも栄養不良に陥る子どもを減らさなければならない。人口が増えると、世界の貧困者のほとんどが暮らす地域で食料需要が二倍か三倍になる。したがって、干魃と洪水に見舞われるさなかでも貧しい農家がさらに多くの食料を育てられるよう手助けする必要がある。これについては、次の節でさらに詳しく述べたい。

僕は、豊かな国の海外援助予算を統括する人たちと頻繁に会っているが、きわめて善意の人でも、こんなことを言ったりする。「以前はワクチンに資金援助をしていたのです。いまは、気候に配慮して援助の予算を組む必要があります」。つまり、温室効果ガスの排出を削減できるようアフリカを手助けするということだ。

僕はこう答える。「お願いですから、ワクチンの資金を引き揚げてそれを電気自動車に投じるなんてことはしないでください。アフリカは世界の排出量のたった二パーセント分しか出していないのです。ほんとうにアフリカで資金援助をすべき分野は適応です。僕たちにできるいちばんの手助けは、貧しい人たちが気候変動に適応するのを手伝い、健康を確保して生きのびられるようにすることなのです。そして、気候が変動するなかでもいい暮らしができるようにすることです」

CGIAR*のことは、おそらく聞いたことがないだろう。一〇年ほど前に貧困国の農家が直面する問題について学びはじめるまで、僕も知らなかった。僕が知るかぎり、CGIARほど家族が、とりわけ最も貧しい家族が栄養のあるものを食べられるよう力を注いできた組織はほかにない。それに、貧しい農家がこの先の気候変動に適応するのに役立つイノベーションをつくりだすのに、CGIARほど見込みある組織もない。

CGIARは世界最大の農業研究グループだ。かいつまんでいうと、よりよい植物と動物遺伝子をつくる手助けをする団体である。ノーマン・ボーローグ（第6章で紹介した）が小麦についての画期的な研究をして緑の革命を引き起こしたのも、CGIARのメキシコの実験室でのことだった。ボーローグの例に触発されて、CGIARのほかの研究者たちも同じように多収性で病害に強い米を開発し、その後もCGIARによる家畜、ジャガイモ、トウモロコシの研究は貧困削減と栄養改善に寄与してきた。

CGIARがあまり知られていないのは残念だが、意外なことでもない。ひとつには、この名前は〝葉巻（cigar）〟とまちがわれることが多く、たばこ産業とつながりがあると思われがちだ（実際には関係はない）。それにCGIARがひとつの組織ではなく、一五の独立した研究センターのネットワークであることも厄介で、しかもそのほとんどがややこしい略称で呼ばれている。たとえば、ＣＩＦＯＲ、ＩＣＡＲＤＡ、ＣＩＡＴ、ＩＣＲＩＳＡＴ、ＩＦＰＲＩ、ＩＩＴＡ、ＩＬＲＩ、ＣＩＭＭＹＴ、ＣＩＰ、ＩＲＲＩ、ＩＷＭＩ、ＩＣＲＡＦといった具合である。

略称だらけでややこしい組織ではあるが、ＣＧＩＡＲは世界の貧しい農家のために気候変動対応型の新しい作物と家畜をつくりだすのに欠かせない。僕が気に入っている一例が、干魃に強いトウモロコシの開発だ。

サハラ以南のアフリカでは、トウモロコシの収穫量は世界のほかの場所よりも少ないが、それでも二億を超える世帯がいまもトウモロコシに頼って暮らしを立てている。そして気象パターンが不規則になるにつれて、農家にとっては、トウモロコシの収穫量が減ったり、ときにはまったく収穫ができなくなったりするリスクが高まっている。

そこでＣＧＩＡＲの専門家は、干魃状態に耐えられるトウモロコシの新品種を数十種類開発した。それぞれアフリカの特定の地域で育てるのに適したものだ。当初、多くの小規模農家は新品種を試すのを恐れていた。無理もないことだろう。かろうじて生計を立てている状態の人は、これまでに植えたことのない種を使ってリスクを冒す気にはならない。それが枯れてしまったら、

＊ＣＧＩＡＲは〝国際農業研究のための諮問グループ（Consultative Group for International Agricultural Research）〟として出発した。略称で記されるようになった理由はわかるだろう。

何も頼れるものがないからだ。しかし専門家たちが地域の農家や種業者と連携し、新品種の長所を説明するうちに、それを採用する人が増えていった。

その結果、多くの家族の暮らしが一変した。たとえばジンバブエでは、干魃に見舞われた地域で干魃に強いトウモロコシを使っていた農家では、従来品種を使った農家よりも一ヘクタールあたり六〇〇キログラムも収穫量が多かった（六人家族が九カ月間暮らせる量だ）。収穫物を売った農家は、子どもを学校にかよわせ、家のそのほかのニーズを満たせるだけの現金収入を追加で得られた。CGIARに所属する専門家たちは、ほかにもさまざまなトウモロコシの品種を開発している。痩せた土地でもよく育つ品種や、病気、害虫、雑草に強い品種、収穫量が最大三〇パーセント増える品種、栄養不良との闘いを助ける品種などだ。

トウモロコシだけではない。CGIARの取り組みのおかげで、干魃に強い新品種の米がインドで普及している。インドでは、気候変動によって雨期に日照りがつづくことが増えている。ほかにも、水のなかで二週間生きのびることができ、いみじくも〝スキューバ・ライス〟とあだ名されている品種の米も開発した。通常、イネは葉を伸ばして水から逃れることで洪水に対処する。しかし長いあいだ水に浸かっていると、逃れようとするのにすべてのエネルギーを使い果たし、消耗して枯れてしまう。スキューバ・ライスにはその問題がない。洪水のときに作動するSUB1という遺伝子をもっていて、水が退くまでイネを眠らせ、葉が伸びないようにするのだ。

CGIARが力を注いでいるのは、新品種の開発だけではない。CGIARの科学者たちはス

スキューバ・ライスを植えた田んぼ。２週間、水に浸かりっぱなしでも耐えられる。洪水の頻度が増えるなか、いっそう重要になる特長だ。[(5)]

マートフォンのアプリを開発し、農家の人がカメラを使ってキャッサバを侵している害虫や病気を詳しく特定できるようにもした。アフリカではキャッサバは重要な換金作物だ。また、ドローンと地上センサーを使って、作物に必要な水と肥料を農家が判断するのを助けるプログラムもつくっている。

貧しい農家にはこうした進歩がもっと必要だが、それを提供するには、CGIARやその他の農業研究者はさらなる資金を必要とする。農業研究は慢性的に資金不足だ。実際、CGIARの資金を倍増させ、さらに多くの農家を手助けできるようにするというのが、気候変動適応グローバル委員会(Global Commission on Adaptation)のおもな提言のひとつである。(6) この委員会は、僕が国連前事務総長の潘基文《パン・ギムン》と世界銀行前CEOのクリスタリナ・ゲオルギエバとともに率いている。*この資金が有効に使われるのはまちがいない。CGIARに投じられた資金は、一ドルあたり六ドルの利益を生んでいる。六倍も見返りがあって、その過程で命も救うことができる投資先なら、ウォーレン・バフェットも是が非でも投資したがるにちがいない。

小規模農家が作物の収穫量を増やせるよう手助けするほかに、委員会は農業関連でさらに三つの提言をしている。

ますます予測できなくなる天候によるリスクを、農家が管理するのを手助けする。 たとえば、政府は農家が幅広くさまざまな作物や家畜を育てられるようにし、ひとつの打撃によって破産することがないよう手助けできる。政府はほかにも社会保障制度を充実させることや、気象による被害を対象とした農業保険を手配して農家が損失を取り戻せるようにすることも検討すべきだ。

最も弱い人たちに力を注ぐ。弱い立場にいるのは女性だけではないが、女性はそのなかで最大の集団だ。文化、政治、経済のあらゆる理由から、女性の農業従事者は男性よりもいっそう厳しい状況に置かれている。たとえば土地の権利を確保できなかったり、水を同じように利用できなかったり、肥料を買う資金を借りられなかったり、天気予報の情報すら得られなかったりすることもある。したがって、女性の財産権をめぐる状況を向上させたり、女性を対象とした技術的助言を提供したりしなければならない。その見返りはきわめて大きなものになる可能性がある。国連食糧農業機関の研究によると、女性が男性と同じリソースにアクセスできるようになれば、いまより二〇～三〇パーセント多くの食料を育てられるようになり、世界の飢餓人口を一二～一七パーセント減らすことができる[7]。

政策決定の際に気候変動を考慮に入れる。農家の適応を助けるのに投入されている資金はごくわずかだ。二〇一四年から二〇一六年にかけて政府が農業に投じた資金のうち、貧困者が受ける気候変動の影響を緩和するために使われたのは、わずか五〇〇〇億ドルにすぎない。政府は、農家が排出を削減しながらより多くの食料を育てられるよう手助けする政策とインセンティブを考

＊この委員会は、政府、企業、非営利組織、科学者コミュニティの各リーダーら三四名の委員と、世界の全地域から参加する一九の国によって導かれている。研究パートナーとアドバイザーの世界的ネットワークに支えられていて、適応に関するグローバル・センター（Global Center on Adaptation）と世界資源研究所によって共同運営されている。

えるべきだ。
まとめよう。気候変動の大部分を引き起こしているのは、豊かな人たちと中所得の人たちだ。最も貧しい人たちは、問題の原因になることはほとんどしていないのに、最も大きな被害を受ける。世界から手助けを受けてしかるべきであり、いまより多くの支援が必要だ。

この二〇年間、世界の貧困に取り組むなかで僕は、貧しい農家の窮状や、気候変動が貧しい農家に与える影響について多くのことを学んできた。それに僕は、この問題に情熱を傾けてもいる。植物の品種改良の背後にある科学に夢中になっているからだ。

しかし最近まで、適応のパズルのほかのピースのことはあまり考えていなかった。たとえば農村ではない都市はいかに備えるべきか、生態系はどのような影響を受けるのかといったことだ。だがこのところ、いま紹介した気候変動適応グローバル委員会の仕事を通じて、こうした問題をさらに深く学ぶ機会を得ている。ここで委員会の仕事から得た知見をいくつか紹介しておきたい。科学、公共政策、工業、その他の分野の数十人の専門家の意見に基づいたものだ。そこから、温暖化した気候に適応するために、ほかに必要なことをわかってもらえると思う。

大きく分けると、適応は三つの段階で考えることができる。気候変動によるリスクを減らすのが最初の段階だ。たとえば気候変動に対応できる建物やその他のインフラを整備したり、洪水に対する堤防の役割を果たす湿地帯を保護したり、必要であれば、人間が暮らせなくなった地域から人を永久に移住させたりといった具合である。

緊急事態に対応できるように備えるのが次の段階だ。天気予報と早期警報システムの改良をつづけ、暴風雨の情報がよく伝わるようにする必要がある。そして実際に災害に見舞われたときのために、よく訓練を受けて装備が整った緊急対応要員のチームと、一時避難をうまく実行できる体制が求められる。

最後の段階が、災害後の復興期だ。住処を追われた人たちへの医療や教育などのサービスや、あらゆる収入段階の人が生活を立て直すのを助ける保険、再建されるものをすべて以前よりも気候変動に対応したものにする基準を計画する必要がある。

適応の四大項目を次に挙げておこう。

都市は成長の仕方を変える必要がある。地球上の人口の半分以上は都市部で暮らしていて、その割合は今後さらに増えていく。そして都市部は、世界経済の四分の三超を担っている。急速に成長している世界の都市の多くは、拡大にともなって氾濫原、森林、湿地にまで建物をつくることになる。本来なら暴風雨のときに増えた水を吸収したり、干魃のあいだに水を蓄えておいたりできる土地だ。

気候変動はすべての都市に影響を与えるが、沿海都市は最悪の問題に直面する。海面が上昇して高潮がひどくなり、何億もの人が家を追われる可能性がある。今世紀のなかばには、すべての沿海都市への気候変動のコストは一兆ドルを超えるかもしれない。ちなみにこれは一年あたりの額だ。そのために、ほとんどの都市がすでに格闘している貧困、ホームレス、医療、教育といった問題がさらに悪化する。おそらく、それどころではすまされない。

気候変動に対応できる都市とはどんな街か。まず都市計画者には、気候のリスクについての最新データと、気候変動の影響を予測するコンピューター・モデルによる被害の見積もりが必要だ（現在、発展途上国の都市の首長は、街のどの地域が浸水の被害を受けやすいかを示す基本的な地図すらもっていないことが多い）。最新情報が手もとにあれば、住宅地区や産業の中心地を整備したり、防波堤の建設や延長をしたり、激しさを増す暴風雨から街を守ったり、雨水管網を強化したり、波止場を高くして水位上昇に備えたりする計画を立てる際に、よりよい意思決定ができる。

とても具体的な話をしよう。地元の川に橋を架けるとしたら、高さは三・七メートルにするのか、あるいは一・五倍の五・五メートルにすべきか。高くすると短期的にはコストがかかるが、今後一〇年のあいだに大規模洪水がくる可能性が高いとわかっていたら、そのほうが賢明な選択かもしれない。安い橋を二度つくるより、コストがかかる橋を一度だけつくるほうがいい。

またこれは、街にすでにあるインフラをただ改善すればいいという問題ではない。気候変動によって、まったく新しいニーズについても考える必要が出てくるのだ。たとえば、極端に暑くなる日があり、エアコンを買う余裕がない住民が多い都市では、避暑センターをつくる必要がある。人びとが暑さから逃れられる施設だ。残念ながら、エアコンの使用が増えれば温室効果ガスの排出も増える。これもまた、第8章で論じた冷房における進歩が重要である所以だ。**自然の防御機能を強化する必要がある。**森林は水を蓄え調節する。湿地帯は洪水を防ぎ、農家と都市に水を供給する。サンゴ礁は魚の住処であり、海沿いの地域は食料としてその魚をあてにしている。しかし、こういった気候変動に対する自然の防御機能が失われつつある。二〇一八年だけで三六〇万ヘクタール前後の原生林が破壊され、このさき温暖化が摂氏二度すすむと（その可能性は高い）、世界のサンゴ礁はほぼ死滅する。

他方で生態系を回復させれば、非常に大きな見返りがある。森林と河川水系を回復させると、世界の巨大都市の水道施設は年間八億九〇〇〇万ドルを節約できる可能性がある。多くの国がすでにこうした取り組みをおこなっている。ニジェールでは、農業従事者が主導する森林再生の取り組みによって農家の収穫が増え、樹木で覆われた土地が広がって、女性が薪を集めるのにかかる時間が一日三時間から三〇分にまで短縮された。中国では国土のおよそ四分の一にあたる自然資産が危機に晒されていることがわかり、そうした地域で優先的に生態系の保全と保護をおこなうことにしている。メキシコは河川流域の三分の一を保護し、四五〇〇万人への水の供給を守っている。

これらの先例に倣いつつ、生態系の重要性についての意識を啓発し、さらに多くの国があとにつづくよう手助けすれば、気候変動に対する自然の防御機能を活用できるようになる。

ほかにもすぐに取り組めることがある。マングローブ林だ。マングローブは海岸線に沿って生

マングローブを植えるのはすばらしい投資だ。マングローブは、年間800億ドルほどの浸水による被害を防いでいる。(8)

える低木であり、海水のなかでも生きられるよう適応していて、高潮を抑えたり、沿岸の浸水を防いだり、魚の生息環境を守ったりする。すべて合わせると、マングローブは世界で年間八〇〇億ドルほどの浸水による被害を防いでいて、ほかの被害も数十億ドル規模で防いでいる。マングローブを植えるのは防波堤をつくるよりも安くつき、水質も向上する。すばらしい投資だ。

供給できるよりも多くの飲料水が必要になる。 湖や帯水層が小さくなったり汚染されたりしていき、必要な人すべてに飲料水を供給するのがむずかしくなる。世界のほとんどの巨大都市はすでに深刻な水不足に直面していて、状況が変わらなければ今世紀のなかばには最低でも月に一度、じゅうぶんな量のきれいな水を確保できなくなる人が、いまより三分の一以上増加して五〇億人を超える。

有望な技術もいくつかある。海水から塩分を取り除いて飲料水にする方法はすでに知られているが、処理には多くのエネルギーが求められ、海から脱塩施設へ海水を運び、その後、施設から必要としている人たちのところへ水を運ぶのにもエネルギーがたくさんかかる（ほかの多くの問題と同じで、水の問題もつまるところエネルギーの問題なのだ。安くてクリーンなエネルギーがじゅうぶん確保できれば、必要な飲料水はすべてつくることができる）。

僕が注目しているのが、空気から水を取り出すという巧みなアイデアだ。要するに太陽光で動く除湿器で、それに高度な濾過装置をつけて大気中の汚染物質を口に入れずにすむようにしたものである。この装置はすでに販売されているが、何千ドルものコストがかかり、水不足に最も苦しむことになる世界の貧しい人びとには高すぎてとても手が出ない。

このようなアイデアが手頃な価格で利用できるようになるまでは、実際的な方法をとる必要がある。水の需要を減らすインセンティブを提供し、水の供給を増やす取り組みをすすめるのだ。汚水の再利用から、水の使用量を減らしながら農家の収穫を増やせる〝ジャスト・イン・タイム〟の灌漑まで、さまざまな方法がある。

最後に、適応事業の費用をまかなうために、新たな資金源が必要だ。発展途上国への対外援助も必要だが、僕が話しているのはそのことではない。いかに公的資金によって民間投資家を惹きつけ、適応事業を支援させるかという話だ。

ここに乗り越えなければならない問題がある。適応のコストは前払いだが、その経済的利益が得られるのはずっとあとになるかもしれないのだ。たとえば、いま洪水に対応できるように店やオフィスの建物を耐水構造にしても、大洪水がやってくるのは一〇年あるいは二〇年先かもしれない。それに、耐水構造にしても収益が増えるわけでもない。洪水のときに下水が地階に噴き出してこないようにしたからといって、顧客があなたの商品に追加でお金を払うことはない。したがって銀行はその計画に融資するのを渋ったり、高い金利を設定したりする。いずれにせよある程度の費用を自分で負担しなければならず、それならやめておこうと思う人もいるだろう。

この例を市、州、国全体の規模で考えたら、なぜ政府が適応事業に資金を提供し、民間部門を巻きこむ必要があるのかがわかるだろう。適応を魅力的な投資先にしなければならないのだ。

それにはまず、政府と民間金融市場が気候変動のリスクを考慮に入れ、リスクに値段をつける方法を見つけなければならない。政府や企業のなかには、すでに気候のリスクを考慮に入れて事業をふるいにかけているところがある。すべての政府と企業がこれをすべきだ。政府はまた、適応にさらに力を注ぎ、今後投じていく資金の額に目標を設定して、民間投資家のリスクを一部減らす政策を採用することもできる。適応事業の見返りがはっきりすると、民間の投資は増えるはずだ。

こうしたことをすべてやるには、どれだけ費用がかかるのだろう。世界が気候変動に適応するのに必要なもの、そのすべてに値段をつけるのは不可能だ。しかし、僕が参加している委員会が五つの重要分野（早期警報システムの創出、気候への対応力があるインフラの建設、作物の収穫増、水の管理、マングローブの保護）の支出を計算したところ、二〇二〇年から二〇三〇年までのあいだに一兆八〇〇〇億ドルを投じれば、その見返りとして七兆ドルを超える利益が得られることがわかった。この投資額を一年あたりに均《なら》すと世界のＧＤＰのおよそ〇・二パーセントであり、四倍近くの見返りが得られる。

投資の利益は、悪いことが起こらないという意味で測ることもできる。水利権をめぐって内戦が起こらなかったり、干魃や洪水で農家が破産に追いこまれなかったり、都市の暴風雨による破壊を多く防げたり、気候変動による大量の避難民が発生しなかったり、といったことだ。あるいは、実際に起こるよいことによっても測ることができる。子どもが必要な栄養を摂りながら育ったり、家族が貧困から抜け出して世界の中流階級に加わったり、気候が温暖化しても企業や街や国が繁栄したり、といったことである。

いずれの方法で考えても、経済的な面でも道徳的な面でも、それに取り組むべき理由は明らかだ。一九九〇年には世界の人口の三六パーセントを占めていた極度の貧困は過去二五年間で急減し、二〇一五年には一〇パーセントになった。ただし、ＣＯＶＩＤ－19のせいで貧困削減の試みは大幅に後退し、これまでの進歩が大きく損なわれている。[9] 気候変動によってこの傾向がさらに悪化して、極度の貧困状態で暮らす人の数が一三パーセント増える可能性もある。

この問題の最大の原因をつくった僕たち豊かな国の人びとは、世界のほかの場所で暮らす人びとが生きのびられるよう手助けしなければならない。それだけの責任があるのだ。

適応にはもうひとつ、さらに注意を向けられるべき側面がある。最悪のシナリオに備えなければならないという面だ。

気候科学者たちは、気候変動のペースが劇的に加速する転換点（ティッピング・ポイント）を多数明らかにしてきた。たとえば、海底には大量のメタンガスを含む氷のような透明の固体（メタンハイドレート）があるが、その状態が不安定になり、メタンが放出された場合などがそれにあたる。比較的短期間で世界中が大惨事に見舞われ、気候変動に備え対応する試みは無意味になる。そして、気温が上がれば上がるほど、ティッピング・ポイントに達する可能性も高くなる。

こうしたティッピング・ポイントのどれかが迫っていると思われるようになると、〝ジオエンジニアリング（気候工学）〟ということばで括《くく》られる一連の大胆な（人によってはクレイジーだと言うであろう）アイデアを耳にすることが多くなるはずだ。これらの方法はまだ有効性が証明されておらず、厄介な倫理的問題もある。しかし、研究と議論をしていられる余裕があるうちは、研究と議論をする価値がある方法だ。

ジオエンジニアリングは最先端の緊急対応策である。基本的には、地球の海や大気を一時的に変化させて気温を下げるという考えだ。これによって、排出削減の責任を免れることができるわけではない。それを意図したものではなく、態勢を整えて行動するまでの時間稼ぎにすぎない。

この数年間、僕はジオエンジニアリングのいくつかの研究に資金を投じてきた（緩和と適応の研究への支援と比べたら、わずかな額だ）。ジオエンジニアリングのほとんどのアプローチは、次の考えに基づいている。温室効果ガスによって引き起こされるすべての温暖化を相殺するには、地球に当たる太陽光の量を一パーセントほど減らす必要があるという考えだ。*

それを実行するには、さまざまな手法がある。そのひとつが、直径わずか数十万分の一ミリメートルの非常に細かい粒子を大気の上層にまく方法だ。科学者は、こうした粒子が太陽光を散乱させて気温を下げることを知っている。実際にそれを目にしているからだ。とりわけ強力な火山が噴火したときには同じような粒子が噴出して、地球の気温が目に見えて下がる。

そのほかに、雲を白色化する方法もある。太陽光は雲の最上部によって散乱させられるので、雲を白色化することで太陽光をさらに散乱させれば、地球を冷ますことができる。これは、光を

*こんな計算だ。地球は太陽光を一平方メートルあたり約二四〇ワットのペースで吸収する。現在、大気中には一平方メートルあたり平均二ワットほどのペースで熱を吸収するだけの炭素がある。したがって太陽を二四〇分の二、〇・八三パーセント暗くする必要がある。しかし、雲は太陽光のジオエンジニアリングに適応し効果を相殺してしまうので、実際にはもう少し太陽を暗くする必要があり、地球にはいってくる太陽光の約一パーセントを遮らなければならない。大気中の炭素の量が倍になると、一平方メートルあたり約四ワットのペースで熱が吸収されることになり、倍の約二パーセントの太陽光を遮らなければならなくなる。

さらに散乱させる海塩を雲に散布することでおこなう。劇的に白色化する必要はない。太陽光を一パーセント減らすには、地球の一〇パーセントを覆う雲を一〇パーセント白色化すればいいだけだ。

ジオエンジニアリングにはほかの方法もあるが、すべてに共通する点が三つある。第一に、問題の規模を考えればどれも比較的安上がりだ。先行投資分の資本コストは一〇〇億ドル未満で、稼働コストも最低限しかかからない。第二に、雲への影響がつづくのは一週間ほどなので、必要がなくなればやめればよく、長期的な影響も残らない。第三に、いかなる技術的な問題があるにせよ、確実に直面する政治的なハードルのほうがはるかに困難だ。

ジオエンジニアリングは地球を使った巨大実験だと批判する者もいれば、人間はすでに大量の温室効果ガスを排出することで地球を使った巨大実験をおこなっているではないかと指摘する擁護者もいる。

確実にいえるのは、ジオエンジニアリングによって地域レベルでどのような影響が生じる可能性があるのか、よりよく把握する必要があるということだ。これは懸念すべき点であり、現実世界で大規模にジオエンジニアリングを試すことを検討する前から、そもそももっと研究しておく必要がある。また、大気の問題は文字どおり地球規模の問題なので、どこかの国が独自にジオエンジニアリングを試すことはできない。なんらかの合意形成が必要だ。

現時点では、世界中の国を合意に導いて人工的に地球の温度を下げることは想像しにくい。しかしジオエンジニアリングは、現在知られているかぎり経済を損ねることなく数年あるいは数十年以内に地球の温度を下げることを望める唯一の方法だ。やがて選択の余地がなくなる日がくるかもしれない。いまからその日に備えておくにこしたことはない。

第10章　なぜ政府の政策が重要なのか

一九四三年、第二次世界大戦の真っただ中に、ロサンジェルスが分厚い煙の雲に覆われた。とてもいやな煙で、目がひりひりして鼻水が出る。車を運転していても、道路の三ブロック先までしか見えない。住民のなかには、日本軍に化学兵器で街を攻撃されたのではないかと不安を覚える者もいた。

しかし、ロサンジェルスは攻撃されたわけではなかった。少なくとも外国の軍隊に攻撃されたわけではなかった。実際の原因はスモッグで、大気汚染と気象条件が不運に組み合わさった結果生じたのである。

ほぼ一〇年後の一九五二年一二月、ロンドンも五日間にわたってスモッグのために機能不全に陥った。バスは運休し、救急車の出動も止まる。建物のなかですら視界が非常に悪くなって、映画館も休館した。略奪が横行する。警察官も数十センチメートル四方しかものが見えなかったからだ（僕と同じように、ネットフリックスのドラマシリーズ『ザ・クラウン』のファンなら、シーズン1でこの恐ろしい出来事のあいだに起こる印象的なエピソードを憶えているだろう）。現在、ロンドン・スモッグとして知られるこの出来事では、少なくとも四〇〇〇人が死亡した。

こうした経験があったために、一九五〇年代から一九六〇年代にかけてアメリカとヨーロッパでは大気汚染が大きな社会的関心を呼び、政策立案者はすぐに反応した。一九五五年、アメリカの連邦議会が、この問題と対処法の研究に資金提供をはじめる。その翌年にはイギリス政府が大気浄化法を制定して、煙を規制する地域を全国に設け、そこでは大気汚染の少ない燃料しか使えないようにした。その七年後には、アメリカも大気浄化法によって国内の大気汚染を抑える現代的な規制制度をつくる。これは人びとの健康を脅かす大気汚染を規制するものとしては、いまなお最も包括的で影響力ある法律だ。一九七〇年には、ニクソン大統領がその施行を助けるために環境保護庁をつくった。

アメリカの大気浄化法は期待どおりの役目を果たし、有害ガスは空気中から取り除かれた。一九九〇年以降、アメリカでの排出量は二酸化窒素が五六パーセント、一酸化炭素が七七パーセント、二酸化硫黄が八八パーセント減少している。鉛はアメリカの排出物からほぼ完全に姿を消した。やらなければならないことはまだあるが、経済が成長して人口が増えるなかで、これをすべてやり遂げたのだ。

ただ、歴史を振り返らなくても、大気汚染のような問題の解決にすぐれた政策が役立つ例は見

1952年のロンドン・スモッグのあいだ、警察官はトーチを使って交通誘導しなければならなかった。[(1)]

つけられる。いままさに同じことが起こっているのだ。二〇一四年以降、中国は都心で深刻化するスモッグと急増する危険な大気汚染物質に対処すべく、いくつかの計画を立ち上げた。中国政府は大気汚染削減に向けた新目標を設定し、特に汚染の深刻な都市の近くに石炭火力発電所をつくるのを禁止して、大都市で電動以外の自動車を制限する。数年のうちに北京では特定の種類の汚染が三五パーセント減り、人口一一〇〇万人の保定市（北京の南西に位置する河北省の都市）では三八パーセント減ったという。

いまでも大気汚染は病気や死亡の大きな原因であり、毎年七〇〇万を超える人がそのために亡くなっていると推定される。しかしこれまでに整備されてきた政策のおかげで、その数が抑えられているのはまちがいない*（本来それを目的としていたわけではないが、温室効果ガスをわずかに削減するのにも役立った）。こうした経験は現在、気候大災害を防ぐために政府の政策が主導的な役割を果たさなければならないことを何より示している。

たしかに〝政策〟と聞くと、漠然としていて退屈な印象を受ける。新型バッテリーのような大きなブレークスルーのほうが、化学者にそれを発明させた政策よりも目を惹くだろう。しかしブレークスルーは、政府が税金を投じて研究を推進し、政策によってその研究を実験室から市場に出して、規制によって市場をつくって大規模に展開しやすくしなければ、そもそも実現しない。

本書で僕は、ゼロを達成するのに必要な蓄電や製鋼などの新手法といった発明を強調してきた。しかし、新しい装置を開発することだけがイノベーションではない。新しい政策をつくり、そうした発明品をできるだけ早く市場に出して展開できるようにすることもイノベーションの一部だ。

このような政策をつくる際には、さいわいゼロから出発する必要はない。エネルギーの規制にはすでにたくさんの経験が蓄積されているからだ。実際、エネルギーは、アメリカでも世界でも最も厳しく規制されている経済部門のひとつである。効果的なエネルギー政策によって、きれいな空気のほかにも次のような成果がもたらされた。

電化。一九一〇年には自宅で電気を使えるアメリカ人は一二パーセントだけだったが、一九五〇年には九〇パーセントを超えた。これはダム建設のための連邦政府資金、エネルギー規制のための連邦機関の創設、電気を農村地域まで通す大規模な政府事業といった取り組みの成果である。

エネルギー安全保障。一九七〇年代のオイル・ショックを受けて、アメリカはさまざまなエネルギー源の国内生産を増やしはじめた。一九七四年、連邦政府は最初の大規模な研究開発事業に着手する。その翌年には、自動車の燃費基準を含むエネルギー保全関係の主要な法律ができた。さらにその二年後にエネルギー省ができる。その後、一九八〇年代になると石油価格が急落し、こうした取り組みの多くが放棄されるが、二〇〇〇年代に価格がふたたび上がりだすと、投資と規制の新たな波が生まれた。これらやその他の取り組みの結果、二〇一九年にアメリカは、ほぼ七〇年ぶりに輸入するよりも多くのエネルギーを輸出した。[2]

景気回復。二〇〇八年の大不況のあと、政府は再生可能エネルギー、省エネルギー、電力関連インフラ、鉄道に資金を投じることで雇用を創出し、投資を刺激した。二〇〇八年、中国は五八四〇億ドルの景気刺激策に着手し、そのかなりの部分がグリーン事業に投じられる。二〇〇九年のアメリカ復興・再投資法は、税額控除、連邦補助金、借入保証、研究開発資金援助によって経済にてこ入れし、排出削減に取り組んだ。これは、クリーン・エネルギーと省エネルギーへの投資としてはアメリカ史上で最大の事業だが、一度きりの資金投入であり、長期的な政策の変更ではない。

＊二〇二〇年にアメリカ西部を襲ったような森林火災も、これとは別だが関係のある問題だ。二〇二〇年の森林火災による煙のせいで、何百万もの人びとが安全に外出できなくなった。

いまはこれまでの政策立案の経験を活かし、目の前の課題に取り組むときだ。温室効果ガスの排出をゼロにするという課題である。

世界各国のリーダーは、いかに世界経済を炭素ゼロへと移行させるのか、そのビジョンを明確に示す必要がある。そうしたビジョンがあれば、世界中の人びとや企業の行動の指針になる。政府関係者は、火力発電所、自動車、工場に許される排出量のルールを定めることができる。金融市場を導く規制をつくったり、民間・公共部門への気候変動のリスクを解明したりもできる。すでにそうであるように、科学研究へのいちばんの投資者であることもでき、新製品が市場に出るスピードを左右するルールを決めることもできる。そして、市場がそもそも対処できない問題の一部を解決する手助けができる。炭素を排出する製品による、環境と人間への隠れたコストの問題についてなどだ。

こうした決定の多くは国レベルでなされるが、州政府や地方自治体も大きな役割を果たす。多くの国では、地方政府が電力市場を規制し、建物でのエネルギー使用の基準を設けている。ダム、交通網、橋、道路といった巨大建設事業を計画し、どこにどんな資材を使ってそれをつくるのかも決める。パトカー、消防車、学校給食、電球も購入する。その一つひとつの段階で、グリーンな代替物を使うか否か、だれかが判断しなければならない。

政府にもっと介入するように僕が呼びかけているのは、皮肉なことだと思われるかもしれない。

マイクロソフトを立ち上げたときには、ワシントンDCや世界の政策立案者たちと距離を置いていた。邪魔をされて最善の仕事ができなくなるだけだと思っていたからだ。

ひとつには、一九九〇年代終わりにアメリカ政府がマイクロソフトに対して独占禁止法訴訟を起こしたことで、はじめから政策立案者たちと関わっておくべきだったと気づかされた。また、国道網の整備であれ、世界の子どもたちの予防接種であれ、世界経済の脱炭素化であれ、大規模な取り組みをすすめるには、適切なインセンティブをつくり、全体の仕組みがみんなにとってうまく機能するようにしなければならず、そのためには政府にきわめて大きな役割を果たしてもらう必要がある。僕もそれを理解している。

もちろん、企業と個人もそれぞれの務めを果たさなければならない。第11章と第12章では、政府、企業、個人がそれぞれのレベルでできることを具体的に示しながら、ゼロ達成への計画を提案する。しかし政府の役割はきわめて大きいので、まずは政府が目指すべき高い目標を七つ提案しておきたい。

1　投資のギャップに注意する

一九五五年、世界初の電子レンジが発売された。価格は現在の価値に換算すると一万二〇〇〇ドル近くだ。いまでは申し分のない電子レンジが五〇ドルで買える。

なぜ電子レンジはこれほど安くなったのか。従来式のオーブンよりもはるかに短い時間で食べ物を温められる機械の魅力が、消費者にすぐに伝わったからだ。電子レンジの売り上げは急増し、市場で競争が生まれて、次々と安い製品がつくられるようになった。

エネルギー市場も同じように動いてくれたらいいのだが、電力は、いちばんいい製品が売れる電子レンジとはちがう。〝汚い〟電気でもクリーンな電気と同じように明かりを灯すことができる。そのため、なんらかの政策の介入によって炭素に価格をつけたり、基準を設け市場で一定量の炭素ゼロ電気が使われるように義務づけたりしなければ、クリーンな電気の供給に投資する企業が実際に利益を得られる保証はない。それに、エネルギーは高度に規制された資本集約型産業なので、大きなリスクがついてまわる。

そのため、民間セクターはどこもエネルギーの研究開発にあまり資金を投じていない。エネルギー業界の企業は、平均すると収入のわずか〇・三パーセントしか研究開発に使っていない。それとは対照的に、電子産業と製薬産業は、それぞれ一〇パーセント近くと一三パーセント近くを研究開発に費やしている。

このギャップを埋めるには、新しい炭素ゼロ技術の発明が求められる分野に特に集中した政府の政策と資金が必要だ。アイデアが最初期の段階にあるとき、つまりうまくいくかわからず、成功まで時間がかかりそうで、銀行やベンチャー投資家が辛抱できないときには、適切な政策と資金提供によって、そのアイデアを完全に追求できるようになる。そうした技術は、ブレークスルーにつながる可能性もあれば失敗に終わる可能性もあるので、完全な失敗も大目に見なければならない。

一般に政府の役割は、利益が得られる見こみがなく民間セクターが投資しない研究開発に資金を投じることにある。そして企業が利益を出せることが明らかになった時点で、民間セクターがそれを引き継ぐ。まさにこのようにして、あなたがおそらく毎日使っている製品も生まれた。インターネット、命を救う医薬品、街を歩くときに道を教えてくれるスマートフォンのGPSなどがその例だ。アメリカ政府が小さくて速いマイクロプロセッサの研究に資金を投じていなければ、マイクロソフトなどのIT企業も成功できなかった。

デジタル技術など一部の部門では、政府から企業への引き継ぎは比較的早い時期に起こる。クリーン・エネルギーの場合ははるかに時間がかかり、政府からのさらなる金銭的援助が必要だ。科学的・工学的な研究に多大な時間と費用がかかるためである。

研究に投資すると、ほかにもいいことがある。ビジネスをつくるのに役立ち、国が製品を他国に輸出できるようになるのだ。たとえばA国は安い電気燃料をつくって、国内で売るのと同時にB国に輸出することもできる。仮にB国が排出削減を目指していなくても、ほかでもっと質がよくて安い燃料が発明されたら、結局、排出を削減することになるわけだ。

最後に、研究開発はそれだけでも利益をもたらすが、需要側のインセンティブと組み合わされたときに最大の効果を発揮する。購入希望者が確実にいるとわかっていなければ、学術誌に発表された新しいアイデアを商品化する企業は出てこない。製品の値段が高くなるアーリーステージでは特にそうだ。

2　競争の場を公平にする

何度も繰り返し（おそらくうんざりするほど）論じてきたように、グリーン・プレミアムをゼロにする必要がある。なかには、第4章から第8章で紹介したイノベーションによってゼロにできるものもある。炭素ゼロの鋼鉄を安く製造できるようにすることなどだ。他方で化石燃料の値段を上げて、それが引き起こす悪影響を価格に組みこむ方法もある。

現在、企業が製品をつくったり消費者がものを買ったりするときには、それに関係する炭素の分の追加費用は負担していない。その炭素が社会にきわめて大きなコストを押しつけているにもかかわらずだ。これは経済学者が外部性と呼ぶものである。つまり、それに責任のある人や企業ではなく、社会が費用を負担させられているわけだ。炭素税や国内排出量取引制度（キャップ・アンド・トレード）など、少なくとも一部の外部費用を責任者に払わせる方法がいろいろとある。

要するにグリーン・プレミアムを減らすには、炭素を排出しないものを安くするか（これには技術のイノベーションが必要だ）、炭素を排出するものを高くするか（これには政策のイノベーションが求められる）、あるいは両方をおこなえばいいわけだ。温室効果ガスを出す者を罰しようということではない。いまの製品と競争できる炭素を出さない代替物をつくれるよう、発明家のためにインセンティブを設けようということだ。真のコストを反映させて徐々に炭素の値段を上げることで、政府は生産者と消費者がよりよい判断をするように仕向け、グリーン・プレミアムを下げるイノベーションをあと押しできる。不自然に安いガソリンに価格で負けることがないとわかっていれば、新種の電気燃料の発明に取り組んでみようという気にずっとなりやすい。

3　市場以外の障壁を乗り越える

自分の家をもっている人は、なぜ化石燃料の暖炉を捨てて低排出の電気暖房に切り替えないのか。そういう選択肢があることを知らなかったり、それを提供する資格をもつ販売店や取り付け業者が足りなかったり、場所によってはそれが実は違法だったりするからだ。

大家（建物または物件のオーナー）は、なぜ建物の設備を効率性の高いものに替えないのか。大家はエネルギー料金を自分で払うわけではない。請求書を入居者に手渡す。その入居者は部屋に手を加えることを許されていないことが多く、そもそも長期的な利益を得られるほど長くそこに住まない。

どちらの障壁も、コストとはあまり関係ないことがわかるだろう。障壁は、おもに情報、訓練を受けた人材、インセンティブの不足から生じている。適切な政策があれば、このすべての分野で状況を大きく変えることができる。

4　最先端の技術を反映させる

消費者の意識やうまく機能していない市場以外のものが大きな障壁になっていることもある。政府の政策自体が脱炭素化をむずかしくしていることがあるのだ。

たとえば建物にコンクリートを使う場合、強度や耐荷重などのコンクリートの性能が建設基準法でうんざりするほど詳しく定められている。使用するコンクリートの化学組成まで厳密に決められていることすらある。こうした組成基準のせいで、低排出セメントを使いたくても、性能基準はすべて満たしているのに使用できないことが多い。

粗悪なコンクリートのせいで建物や橋が崩れるのはだれも望まない。しかし、最先端の技術を反映させ、ゼロ達成が喫緊の課題であることを考慮に入れた基準にすることはできる。

5　公正な移行を計画する

炭素中立《カーボン・ニュートラル》経済へのこれだけ大規模な移行では、必然的に勝者と敗者が生まれる。アメリカでは、テキサスやノースダコタなど化石燃料の採掘に経済面で深く依存する州は、失われる仕事と同等の収入が得られる雇用を創出しなければならず、学校や道路などの必要不可欠なものを現在まかなっている税収をほかで補う必要がある。従来の肉に代わって人造肉が普及したら、牛を育てているネブラスカのような州も同じ状況に直面する。それに、すでに収入のかなりの割合をエネルギーに使っている低所得者は、ほかの人たちよりもグリーン・プレミアムの負担を重く感じることになる。

こうした問題に簡単な答えはない。もちろん石油・ガス関係の高収入の仕事が、たとえば太陽光産業などの仕事へと自然に移っていくコミュニティもある。しかしほかの多くの場所では、困難な移行期間を乗り越えて、化石燃料採掘以外の何かに頼って暮らしを立てていけるようにしなければならない。解決策は場所によって異なるので、各地のリーダーがそれを生み出す必要がある。とはいえ、ゼロ達成に向けた全体計画の一環として、政府もそれを手助けできる。資金や技術面の助言を提供したり、同じような問題に直面している全国各地のコミュニティを結びつけて成功事例を共有できるようにしたりといった具合だ。

最後に、石炭や天然ガスの採掘が地域経済に大きな役割を果たしているコミュニティでは、住民が不安を覚え、移行によって生計を立てるのがむずかしくなるのではと心配するのは当然のことだ。こうした不安を口にしたからといって、その人たちが気候変動の否定論者だということにはならない。ゼロ達成に向けて先頭に立つ国のリーダーたちは、暮らしに大きな打撃を受ける家族やコミュニティの不安を理解し、それを真剣に受けとめる必要がある。そうすれば、施策により多くの支持を取りつけることができるだろう。これは政治学者でなくてもわかることだ。

6　困難な課題にも取り組む

気候変動への対応策の多くは、比較的取り組みやすい炭素削減の方法に集中している。電気自動車を動かしたり、太陽光や風力による発電を増やしたりといった具合だ。これは理に適《かな》っている。前進していることを示し、早い段階で成功を証明することで、さらに多くの人を巻きこむことができるからだ。これは重要なことでもある。比較的取り組みやすいことですら必要な規模で展開するにはほど遠い状態にあり、いまはそれを大きく前進させる絶好のチャンスがたくさんある。

とはいえ、簡単なことだけしているわけにはいかない。気候変動への取り組みが本格化していくにつれて、困難なものにも力を入れていく必要がある。蓄電、クリーンな燃料、セメント、鋼鉄、肥料などだ。そのためには、政策形成への異なるアプローチが求められる。すでにある手段を展開するのに加えて、困難な課題の研究開発にさらに資金を投じなければならない。またその多くは道路や建物などの物的インフラの核になるものなので、そうしたブレークスルーを生み、市場に出すことに特化した政策を用いる必要もある。

7 技術、政策、市場に同時に働きかける

技術と政策に加えて考慮に入れなければならない第三の側面がある。新発明に取り組んでそれを世界規模で展開する企業と、そうした企業を支える投資家および金融市場だ。ぴったりのことばがないので、この集団を広く「市場」と呼ぶことにしたい。

市場、技術、政策は、化石燃料への依存から離れるために引かなければならない三つのレバー

のようなものだ。三つをすべて同時に、同じ方向に引く必要がある。

たとえば自動車の排出ゼロ基準のような政策を採用しても、排出をなくす技術や、基準に適合した自動車をつくって売ろうとするメーカーがなければ、あまり意味はない。他方で、石炭火力発電所の排出物から炭素を回収する装置のような低排出技術があっても、電力会社にそれを設置させる金銭的なインセンティブがなければ、あまり効果はない。また、競合他社が化石燃料の製品を安く売ることができるのなら、排出ゼロ技術に投資する企業はほとんどないだろう。

だからこそ市場、政策、技術が互いに補完しながら動く必要がある。研究開発への支出を増やすといった政策によって、新技術の誕生を助け、さらにそれが何百万もの人に届く市場の仕組みを整える手助けもできる。ただし、これは逆の方向にも機能する。政策は、新たに開発された技術によっても形成されるべきなのだ。たとえば画期的な液体燃料が開発されたら、政策はそれを地球規模で展開する投資・資金調達戦略に集中すればいい。そうすれば、たとえばエネルギーを蓄える新手法を見つけるのにさほど力を割かなくてもよくなる。

三つすべてがうまくかみ合った例と、そうでなかった例をいくつか挙げてみよう。

政策が技術に追いついていないとどうなるのか、それを理解するには原子力発電産業を見るといい。原子力は炭素を排出しないエネルギー源としては唯一、ほぼどこでも一日二四時間、週七日使える。テラパワー社などいくつかの企業が先進型原子炉の開発に取り組んでいて、それらは現在稼働中の原子炉に使われている五〇年前の設計の問題をシミュレーション上では解消している。安全でコストも安く、廃棄物もはるかに少ない。しかし適切な政策と市場へのアプローチがなければ、先進型原子炉の科学的・工学的な研究成果は活かされない。

設計を検証し、サプライ・チェーンを確立して、パイロット事業によって新手法の有効性を証明しなければ、先進型原子炉が建設されることはない。残念ながら、先進型原子炉企業に直接投資している中国やロシアなどの少数の例外を除けば、ほとんどの国にはこうしたことをする現実的な手段がない。アメリカ政府が最近したように、政府がこれらの企業に共同出資し、デモ事業を立ち上げて実行する手助けをすれば役に立つだろう。僕は先進型原子炉をつくる企業を所有しているので、自分に都合のいいことを言っているように思われるかもしれないが、原子力が気候変動対策に貢献できる唯一の道がこれだ。

バイオ燃料の例からは、また別の課題が浮かびあがってくる。解決に取り組んでいる問題を明確に把握し、それに合わせて政策を調整するという課題だ。

二〇〇五年、石油価格の上昇を念頭に置き、また石油の輸入を減らしたいという目論見から、アメリカ連邦議会は再生可能燃料基準を通過させた。これによって、国内の将来的なバイオ燃料使用量に目標が設定された。この法律が通過したことで輸送業界は強力なメッセージを受け取り、当時存在したバイオ燃料技術に多額の投資をする。トウモロコシを原料としたエタノールである。トウモロコシのエタノールは、すでにガソリンとある程度競合できる価格になっていた。ガソリン価格が上昇していたのに加え、エタノール生産者は数十年前から実施されていた税額控除の恩恵を受けられたからだ。

この政策はうまく機能した。エタノールの生産量は、議会が設定した目標をたちまち超える。現在、アメリカで売られているガソリン一ガロンには、最大で一〇パーセントのエタノールが含まれていることもある。

その後、二〇〇七年に議会はバイオ燃料を使って別の問題の解決に着手した。今度の関心事は石油価格の上昇だけではない。気候変動も懸念の対象になっていた。政府はバイオ燃料の目標を引き上げ、さらには、アメリカで販売される全バイオ燃料の約六〇パーセントをトウモロコシ以外のでんぷんでつくるよう定めた（その製法でつくられたバイオ燃料は、従来型バイオ燃料の三倍、排出を削減できる）。精製業者は、トウモロコシからつくられた従来型バイオ燃料の目標をたちまち達成したが、先進的な代替物のほうは目標に遠く及んでいない。

なぜか。ひとつには、次世代バイオ燃料の技術が単純にむずかしいからだ。それに石油価格が比較的安く推移しているので、より高額になる代替物への大規模投資を正当化しにくいという事情もある。しかし大きな理由は次の点にある。これらのバイオ燃料を製造する可能性のある企業と、そうした企業を支援する可能性のある投資家が、市場があることを確信できずにいるのだ。

行政は次世代バイオ燃料の供給不足を見越して目標を下げつづけている。二〇一七年には、目標は五五億ガロン（約二〇八億リットル）から三億一一〇〇万ガロン（約一一億八〇〇〇万リットル）まで下げられた。また、修正後の目標が年度内のかなり遅い時期に発表されて、生産者がどれだけ販売を見こめるのかわからないこともある。これは悪循環だ。政府は目標に達しないことを見越して割当量を下げ、政府が割当量を下げつづけることで生産不足がつづいているのである。

ここでの教訓は次の点にある。政策立案者は、どの目標を達成しようとしているのか明確に把握し、どの技術を奨励しようとしているのか意識しておかねばならない。バイオ燃料の目標を設定するのは、アメリカの石油輸入量を減らすにはいい方法だった。目標を達成できるトウモロコシのエタノールという技術がすでにあったからだ。政策によってイノベーションが起こり、市場が開拓されて、その技術が大規模に展開された。しかし、バイオ燃料の目標を設定するのは、排出削減の手段としてはとりわけ効果的とはいえない。そのための技術である次世代バイオ燃料がまだアーリーステージにあることを政策立案者たちが考慮に入れておらず、アーリーステージを抜け出すために市場に求められる確実性も政策立案により生み出せていないからだ。

次に、政策、技術、市場がはるかにうまくかみ合った成功例を見てみよう。早くも一九七〇年代には、日本、アメリカ、ヨーロッパ共同体（ＥＵの前身）が太陽光を使ったさまざまな発電方法の初期研究に資金を投じるようになった。一九九〇年代はじめには太陽光技術はかなりの進歩を遂げ、さらに多くの企業がパネルをつくりはじめていたが、太陽光発電はまだ広く普及していたわけではない。

ドイツがパネルの設置に低金利ローンを提供し、太陽光発電で余分な電力をつくった者への固定価格買取制度（再生可能なエネルギー源で発電された電気を、単位あたりの固定額で政府が買い取る仕組み）を導入して、市場に弾みをつける。[3]その後、二〇一一年にアメリカが、借入保証を使って国内最大の五カ所の太陽電池に資金を提供した。[4]中国は、太陽光パネルを安くつくる独創的な方法を編み出すのに大きな役割を果たしてきた。これらのイノベーションのおかげで、太陽光でつくられる電気の値段は、二〇〇九年から九〇パーセントも下がった。

風力発電も好例だ。過去一〇年のあいだ、風力による発電容量は平均で年に二〇パーセント増えてきて、現在、風力タービンは世界の電気の約五パーセントを供給している。風力発電が成長している理由は単純だ。安くなっているからである。世界の風力発電で大きなシェアを占め、さらに成長をつづけている中国は、陸上風力事業への補助金を近いうちに打ち切ると発表した。陸上風力でつくられる電気が、従来のエネルギー源からつくられる電力と同じぐらい安くなると見こまれているからだ。

どうやってここまで到達したのかを理解するために、デンマークの例を見てみよう。一九七〇年代のオイル・ショックの真っただ中、デンマーク政府は風力エネルギーを推進して石油の輸入を減らすことを目指し、数々の政策を導入した。たとえば、再生可能エネルギーの研究開発に多額の資金を注ぎこんだ。これをしたのはデンマークだけではないが（同じころ、アメリカもオハイオ州で実用規模の風力タービン事業に着手している）、デンマークは普通とは異なることをした。研究開発支援を固定価格買取制度と組み合わせ、のちには炭素税と結びつけたのだ。

スペインなどの国もあとにつづき、風力産業の原価は低下していく。現在、企業はインセンテ

デンマークがひと役買って、風力電力を手頃な価格にする道がひらかれた。写真はサムソー島のタービン。[5]

イブを与えられ、より大きな回転子《ロータ》や高容量の機種の開発に取り組んでいて、一基ごとのタービンでさらに多くの電力をつくることを目指している。販売台数も増えはじめた。時間の経過とともに、風力タービンのコストは劇的に下がった。それゆえ、風力でつくられる電気のコストも大幅に下がっている。デンマークでは、一九八七年から二〇〇一年までのあいだに半額になった。現在、デンマークは電気のおよそ半分を陸上と洋上の風力発電によってまかなっていて、風力タービンの世界最大の輸出国でもある。

念のために言っておきたい。これらの例のポイントは、太陽光と風力で電力需要をすべてまかなえるということではない（太陽光と風力は、電力需要の一部の問題への数ある解決策のなかのふたつにすぎない。第4章を参照のこと）。ポイントは、技術、政策、市場の三つすべてに同時に力を注ぐことで、イノベーションをあと押しし、新しい企業を誕生させて、新製品を早く市場に送りこむということにある。

気候変動への対応策はすべて、この三つがともに動く仕組みを理解したうえでつくる必要がある。次章では、まさにそのような計画をひとつ提案したい。

第11章　ゼロ達成に向けた計画

二〇一五年、気候変動枠組条約締約国会議に参加するためにパリにいたとき、こんなふうに感じざるをえなかった。ほんとうにこれができるのか。

世界中のリーダーが集まって気候変動についての目標を受け入れ、ほぼすべての国が排出削減に取り組む約束をしたことには勇気づけられた。しかし、どの世論調査を見ても、気候変動は政治問題としてはまだ（せいぜい）周辺的なものにとどまっていて、この困難な仕事に取り組む意志をもてないのではないかと不安だったのだ。

うれしいことに、気候変動への世論の関心は、僕が思っていた以上に高まった。この数年間で、気候変動をめぐる世界規模の対話は、望ましい方向へと驚くべき展開を遂げた。政治的な意志があらゆる次元で高まり、世界中の有権者が行動を求めて、都市や州は国の目標を支えるべく（あるいはアメリカの場合のように国の代わりに）劇的な排出削減に取り組んでいる。

次はこうした目標を、それを達成するための具体的な計画と結びつける必要がある。マイクロソフトの立ち上げ当初と同じだ。ポール・アレンと僕には目標があって（〝すべての家庭にコンピューターを〟と言っていた）、それを達成するための計画をその後の一〇年でつくって実行した。そんなに大きな夢を掲げるのはクレイジーだとみんなに思われたが、気候変動への対処と比べたらちっぽけな話だ。気候変動への対応は巨大な取り組みであり、世界中の人と機関が関わることになる。

第10章では、目標を達成するのに必要な政府の役割をもっぱら検討した。本章では、政府のリーダーと政策立案者がとることのできる具体的な手段に焦点を合わせ、気候大災害を防ぐための計画を提案する（これから論じる各要素の詳細は、breakthroughenergy.org に掲載している）。そして次章で、この計画を支えるために僕たち一人ひとりが個人としてできることを示したい。

どれだけ早くゼロに到達する必要があるのか。科学によると、気候大災害を防ぐために、豊かな国は二〇五〇年までに排出実質ゼロを達成しなければならない。もっと早く、二〇三〇年までに脱炭素化を大幅に実現できるという話もおそらく耳にしたことがあるだろう。

残念ながら、本書で示してきたさまざまな理由から、二〇三〇年は現実的とはいえない。化石燃料が僕たちの暮らしにきわめて深く根ざしていることを考えると、一〇年以内にその使用を広い範囲でやめられるとはとても思えない。

今後一〇年間でできること、またしなければならないことは、二〇五〇年までに大幅な脱炭素化を実現する道へ向かう政策を採用することだ。

わかりにくいかもしれないが、ここにはきわめて重要なちがいがある。実際、「二〇三〇年までに削減」と「二〇五〇年までにゼロを達成」は補完的だと思えるかもしれない。二〇三〇年は二〇五〇年までの道のりの一地点なのではないかと。

必ずしもそうとはいえない。誤ったかたちで二〇三〇年までに排出を削減すると、実はゼロの達成が阻まれる可能性もあるのだ。

なぜか。二〇三〇年までに排出を少し削減するためにすべきことは、二〇五〇年までにゼロを達成するためにすべきことと根本的に異なるからだ。このふたつは完全に異なる道であり、成功の尺度もちがうので、どちらかひとつを選ぶ必要がある。二〇三〇年の目標を設定するのはいいことだが、それは二〇五〇年までにゼロを実現する道のりの通過地点としてでなければならない。

その理由を説明しよう。二〇三〇年までにある程度だけの排出削減をするつもりで出発すると、その目標を達成するための取り組みに集中することになる。その取り組みのせいでゼロ達成という最終的な目標の実現が困難になったり、不可能になったりするにもかかわらずだ。

たとえば「二〇三〇年までに削減」が成功の唯一の基準だとしたら、石炭火力発電所をガス火力発電所に替えたくなる。そうすれば、二酸化炭素の排出は減るからだ。しかし、発電所は建設コストを回収するために数十年間稼働させなければならないので、いまから二〇三〇年までのあいだにつくったガス火力発電所はすべて二〇五〇年になっても稼働していて、温室効果ガスを排出している。そうなると、「二〇三〇年までに削減」の目標は達成できても、ゼロを達成する望みはほぼなくなる。

他方で、「二〇三〇年までに削減」が「二〇五〇年までにゼロ」に向けた通過地点だとすれば、多くの時間と資金を割いて石炭からガスに切り替える意味はほぼなくなる。その代わりに、ふたつの戦略を同時に追求することで、もっとよい成果を得られる。第一に、炭素ゼロの電気を安く安定して供給できるよう全力を尽くすこと。第二に、現在、化石燃料で電気を供給している場所でも、乗り物から工業プロセスやヒートポンプまで、可能なかぎり幅広く電化すること。

二〇三〇年までに排出を削減することしか考えていなければ、この方法は失敗ということになるだろう。一〇年以内にはわずかな削減しかできないからだ。しかし、僕たちは長期的な成功に向けて準備をしているのである。クリーンエネルギーによる発電、蓄電、送電でブレークスルーが実現するたびに、ゼロにどんどん近づいていく。

したがって、気候変動問題への対処で前進している国とそうでない国を見分ける目安がほしければ、単純に排出を削減している国を探してはいけない。ゼロに向けて準備している国を探すべきだ。それらの国の排出量は現時点ではさほど変わっていないかもしれないが、正しい道をすすんでいることは評価されるべきである。

二〇三〇年を主張する人たちに、僕も同意できることがひとつある。これが急を要する仕事だということだ。現在、気候変動に関して僕たちがいる地点は、数年前にパンデミックに関して僕たちがいた地点と同じだ。保健の専門家たちは、巨大規模の爆発的感染は事実上避けられないと警告していた。その警告にもかかわらず、世界はじゅうぶんそれに備えることがなかった。そしていま、慌てて遅れを取り戻そうと必死になっている。気候変動で同じ過ちを繰り返してはならない。二〇五〇年までにこうしたブレークスルーが必要であること、また新しいエネルギー源を開発して市場で展開するには時間がかかることを考えると、いまはじめる必要がある。科学とイノベーションの力を活用し、最も貧しい人たちへの対応策もうまく機能するようにして、いま取りかかれば、パンデミックに備えるときの過ちを気候変動で繰り返さずにすむのだ。この計画によって、僕たちは正しい道をすすむことができる。

イノベーションと需要と供給の法則

冒頭で論じたように、またそのあとの章で明らかになっているといいが、包括的な気候変動対策はすべて、数多くのさまざまな学問分野を活用しなければならない。気候科学は、なぜこの問題に対処しなければならないのかは教えてくれるが、いかに対処すればいいかは教えてくれない。それを知るには生物学、化学、物理学、政治学、経済学、工学、その他さまざまな学問分野が必要だ。みんながすべての問題を理解している必要はない。会社をはじめたとき、ポールも僕もマーケティング、他社との連携、政府との協働の専門家ではなかった。マイクロソフトにとって必要だったのは、また現在僕たちが気候変動に対処するために必要なのは、さまざまな学問分野《ディシプリン》に正しい道へと導いてもらえるようにする方法である。

エネルギーでもソフトウェアでも、その他ほぼどんな仕事でも、厳密に技術だけの問題としてイノベーションを考えるのはまちがっている。イノベーションは、新しい機械や工程を考えることだけではない。新しい発明に命を吹きこんで世界規模で展開するのを手助けするビジネス・モデル、サプライ・チェーン、市場、政策の新手法を考えることでもある。イノベーションは新しい発明品のことであるのと同時に、物事の新しいやり方のことでもあるのだ。

これらの条件を念頭に置き、僕の計画のさまざまな要素をふたつのカテゴリーに分けた。大学で経済学概論を履修した人なら、なじみのあるカテゴリーだろう。ひとつがイノベーションの供給を拡大すること、つまりテストされる新しいアイデアを増やすことで、もうひとつがイノベーションの需要に弾みをつけることだ。このふたつは、押す側と引く側として一体となって機能する。イノベーションへの需要がなければ、発明家にも政策立案者にも新しいアイデアを生み出すインセンティブがない。また、イノベーションが絶えず供給されていなければ、買い手は、世界がゼロを達成するのに必要な環境にやさしい製品を手に入れられない。

ビジネス・スクールの理論のように聞こえるかもしれないが、実際これはかなり実用的な考えだ。ゲイツ財団でも、人びとの命を救う取り組みはすべて、貧困者のためのイノベーションを推しすすめながら、その需要も高める必要があるという考えに基づいて実施している。またマイクロソフトでは、研究に専念する大人数のグループをひとつつくったことがあり、いまでも僕はそれを誇りに思っている。つまるところ、そのグループの仕事はイノベーションの供給を増やすことだ。また顧客が僕たちのソフトウェアに何を望んでいるのかを聞くことにも多くの時間を割いた。これはイノベーションの需要サイドであり、研究の方向性を定める決定的に重要な情報をもたらしてくれた。

イノベーションの供給を増やす

この第一段階の仕事は、典型的な研究開発だ。優秀な科学者と技術者が、必要とされている技術を考え出す。コスト競争力のある低炭素のソリューションがすでにたくさんあるが、地球規模で排出ゼロを達成するのに必要な技術がすべて揃っているわけではない。第4章から第9章で、これから必要になる技術のうち最も重要なものを紹介した。ひと目でわかるように、一覧にして再度ここに示しておこう（二七二頁表。一覧の一つひとつの項目に「中所得国が購入できるぐらいの安さの」とつけ足してもいい）。

迅速に準備を整え、これらの技術が効果を発揮できるようにするために、政府は次のことに取り組む必要がある。

［1］これからの一〇年で、クリーン・エネルギーと気候関係の研究開発予算を五倍にする。 気候変動と闘うためにできることのなかで、研究開発への直接の公共投資はひときわ重要だが、政府の取り組みはとてもじゅうぶんとはいえない。クリーン・エネルギーの研究開発に投じられて

必要な技術

炭素を排出せずに生産される水素	核融合
フルシーズンもつ グリッドスケールの電力貯蔵	炭素回収 （直接空気回収と局所的な回収）
電気燃料	地下送電
次世代バイオ燃料	炭素ゼロのプラスティック
炭素ゼロのセメント	地熱エネルギー
炭素ゼロの鋼鉄	揚水発電
植物由来や細胞由来の肉や乳製品	蓄熱
炭素ゼロの肥料	干魃や洪水に強い食用作物
次世代核分裂	炭素ゼロのパーム油の代替物
Ｆガスを含まない冷媒	

いる政府資金は合計で年間約二二〇億ドルであり、世界経済の〇・〇二パーセントほどにすぎない。アメリカ人はそれを超える額を毎月ガソリンに使っている。クリーン・エネルギー研究に他国を大きく引き離して最大の投資をしているアメリカでも、年間約七〇億ドルしか使っていないのだ。

では、いくら使うべきなのか。国立衛生研究所（ＮＩＨ）と比べてみるとわかりやすい。ＮＩＨには年間約三七〇億ドルの予算があり、人の命を救う医薬品や治療法を開発して、アメリカ人や世界中の人が日々それを使っている。これはすばらしいモデルであり、気候変動への対処に必要な取り組みのお手本になる。研究開発予算を五倍にするというと、かなりの増額のように感じるが、課題の大きさを考えるとたいした額ではない。また、政府がこの問題を真剣に受けとめていることを強力に示す手段にもなる。

［2］高リスク高リターンの研究開発プロジェクトに、より多くの資金を投じる。

問題は政府がいくら使うかだけではない。何に使うのかも重要だ。

特にアメリカ政府はクリーン・エネルギーに投資して痛い目に遭ったことがあり（知らない人は「ソリンドラ　破綻」で検索してもらいたい）、当然ながら政策立案者は税金を無駄に使っているとは思われたくない。しかしこのように失敗を恐れることで、研究開発のポートフォリオが近視眼的になっている。民間部門で資金をまかなうことができ、そうすべきである安全な投資に偏りがちなのだ。研究開発における政府の真価は、失敗したり、すぐに元が取れなかったりする可能性のある大胆なアイデアに賭けられる点にある。第10章で触れた理由で民間部門が取り組むにはまだリスクが大きすぎる科学的事業には、特にこれが当てはまる。

政府が正しいやり方で大きな賭けをするとどうなるのか、ヒトゲノム計画（HGP）を見るとそれがわかる。人間の遺伝子をすべて完全に解析し、結果を公表してだれもが利用できるようにする事業だ。米国エネルギー省と国立衛生研究所（NIH）が主導した画期的な研究プロジェクトであり、イギリス、フランス、ドイツ、日本、中国のパートナーも参加した。このプロジェクトには一三年の月日と数十億ドルの資金が費やされたが、遺伝性の大腸がん、アルツハイマー病、家族性の乳がんなど、数十の遺伝子疾患の新しい検査法や治療法に道をひらいた[1]。HGPについての独立した研究によると、連邦政府がこのプロジェクトに投資した額一ドルにつき一四一ドルの見返りがアメリカ経済にもたらされたという。[2]

同様に、とりわけ僕が挙げた分野でクリーン・エネルギーの科学を進歩させられるよう、巨大規模（数億〜数十億ドル規模）の事業に政府の資金を投じさせる必要がある。また政府は、長期的にその資金を提供して、この先ずっと着実に支援が得られると研究者を安心させる必要がある。

［3］研究開発を最大のニーズとマッチさせる。 斬新な科学の概念についての非実用的な研究（基礎研究とも呼ばれる）と、科学の発見を取り上げて何かの役に立てようとする取り組み（応用研究や橋渡し研究と呼ばれる）は、便宜上区別されている。たしかに両者は異なるものだが、一部の潔癖な人のように、どうすれば役に立つ商品になるのかという考えに、基礎科学が汚されるべきではないと考えるのはまちがっている。すばらしい発明のなかには、科学者が最終的な用途を念頭に置いて研究に着手して生まれたものもある。たとえば、ルイ・パスツールの細菌学の研究は、ワクチンや低温殺菌につながった。ブレークスルーが最も求められる分野で、基礎研究と応用研究を一体化する政府プログラムがもっと必要だ。

米国エネルギー省の〈サンショット・イニシアティブ〉は、それがどう機能するのかを示す好例だ。二〇一一年、この事業のリーダーたちは、一〇年以内に太陽光エネルギーのコストを一キロワット時あたり〇・〇六ドルまで下げることを目標に設定した。アーリーステージの研究開発に力を注ぎ、それに加えて民間企業、大学、国の研究所をあと押しして、太陽光発電システムのコストを下げたり、官僚的な壁を取り除いたり、太陽光発電システムの資金調達を安くできるようにしたりする取り組みに集中させた。この統合的アプローチのおかげで、サンショットは三年前倒しで二〇一七年に目標を達成した。

【4】はじめから産業界と協働する。

ほかにも不自然な区別に出くわすことがある。アーリーステージのイノベーションは政府が担い、普及段階《レイターステージ》のイノベーションは産業界が担うという区別だ。現実にはそんなことはない。とりわけエネルギー分野が抱えているような困難な技術的課題には、これは当てはまらない。そこでは、すべてのアイデアにとって最も重要な成功の尺度は、全国規模あるいは世界規模で展開できる力があるかどうかだ。アーリーステージから連携すれば、その方法を知っている人たちを巻きこめる。政府と産業界は協力して障壁を乗り越え、イノベーションのサイクルを加速させなければならない。企業は新技術の試作モデルをつくり、市場についての知識を提供して、事業に共同投資できる。それに当然ながら、技術を商業化するのも企業だ。したがって、早い段階から企業を参加させるのは理に適っている。

イノベーションの需要に弾みをつける

需要の側は、供給の側よりも少し複雑だ。ここにはふたつの段階がある。試験の段階と、規模拡大の段階である。

ある方法を実験室で試したら、今度は市場で試験する必要がある。テック業界では、この試験段階はすぐにできて安くすむ。スマートフォンの新機種がうまく動いて顧客を惹きつけるかを検証するのに、長い時間はかからない。しかしエネルギーの場合は、はるかにむずかしくて費用もかかる。

実験室でうまくいったアイデアが、現実世界の条件のもとでもうまく機能するのかを確認する必要がある（たとえば、バイオ燃料にしたい農業廃棄物は、実験室で使っていたものよりも水分が多くて、思っていたほどのエネルギーを生み出せないかもしれない）。また、早期導入のコストとリスクを下げて、サプライ・チェーンを築き、ビジネス・モデルを検証して、顧客が新技術になじめるよう手助けする必要もある。現在、試験段階にあるアイデアには、低炭素セメント、次世代核分裂、炭素回収と炭素隔離、洋上風力発電、セルロシック・エタノール（次世代バイオ燃料の一種）、代替肉などがある。

試験段階は死の谷であり、いいアイデアが死に赴く場だ。新製品を市場でテストして市場に出すリスクは、多くの場合あまりにも大きい。投資家は恐れをなす。開発に多額の資本を必要とし、消費者にかなり大きな行動の変化を求める可能性のある低炭素技術には、とりわけそれが当てはまる。

政府（および大企業）は、エネルギーのスタートアップがこの谷を生きて出られるように手助けできる。政府（と大企業）は巨大な消費者だからだ。環境にやさしい製品を優先して購入すれば、確実性が生まれてコストが下がり、さらに多くの製品が市場に出る。

購買力を行使する。国、州、地方自治体、すべてのレベルの行政機関が膨大な量の燃料、セメント、鋼鉄を購入する。飛行機やトラックや自動車をつくって動かし、何ギガワットもの電気を消費する。したがって、新技術を比較的低コストで市場に出せるようあと押しするのに完璧な立場にいる。こうした技術を大規模に展開する社会的な利益を考えると、とりわけそういえるだろう。国防省は航空機と船舶のために低炭素の液体燃料を購入すればいい。州政府は建設事業で低炭素のセメントや鋼鉄を使用できる。電力会社は長期蓄電に投資できるだろう。

購入の判断をする政府職員はみな、第10章で説明した外部性のコストを計算に入れる方法を理解し、環境にやさしい製品を積極的に探すべきだ。

ちなみに、これは特別新しいアイデアではない。初期のインターネットもこうして軌道に乗った。もちろん公的な研究開発資金もあったが、政府という熱心な購入者が市場で待ってもいたのだ。

コストを下げてリスクを減らすインセンティブをつくる。自分たちでものを買うのに加えて、政府は民間セクターにさまざまなインセンティブを与えて環境にやさしい製品を選ばせることもできる。税額控除や借入保証などの手段を使えば、グリーン・プレミアムを下げて、新技術の需要が高まるようあと押しできる。こうした製品の多くはしばらくは高価なので、購入を検討する者たちは長期的な融資を必要とし、一貫性があって予想可能な政府政策によって得られる安心感も必要とする。

政府は炭素ゼロ政策を導入し、これらの事業のために市場が資金を集められるようにすることで、きわめて大きな役割を果たせる。その際の原則をいくつか挙げておこう。政府の政策は、技術に対して中立で（つまり、ひいきにする少数の技術のためではなく、排出削減につながる解決策すべてのためになって）、予測可能であり（いま頻繁に起こっているように、一定期間で期限切れになっては延長されるというような状態ではなく）、かつ柔軟（高額の連邦税を払っている者だけでなく、数多くのさまざまな企業や投資家が利用できる仕組み）でなければならない。

新技術を市場に送るインフラをつくる。コスト競争力のある低炭素技術があっても、それを市場に送るインフラがなければ市場シェアを獲得できない。あらゆるレベルの行政が、インフラ構築の手助けをする必要がある。たとえば、風力・太陽光発電用の送電線、電気自動車の充電スタンド、回収した二酸化炭素や水素のためのパイプラインなどだ。

新技術がほかと競合できるようにルールを変える。インフラをつくったら、次は新しい市場のルールをつくって新技術に競争力をもたせる必要がある。二〇世紀の技術を中心につくられた電力市場では、二一世紀の技術は不利な立場に追いやられることが多い。たとえば、ほとんどの市場では、長期蓄電に投資している電力会社は電力網に提供している価値に見合った見返りを得られていない。また規制のせいで、先進的なバイオ燃料を自動車やトラックで使いにくくなっている。それに第10章で触れたように、政府の時代遅れのルールのために、新しい低炭素コンクリートはほかと競争できない。

ここまで本章では、開発の段階について述べてきた。つまり、エネルギー分野でブレークスルーを誕生させ、それが採用されるようにする政策について論じてきた。次は、規模拡大の段階を見ていきたい。急速かつ大規模に展開する段階だ。この段階に到達できるのは、コストがじゅうぶんに下がり、サプライ・チェーンとビジネス・モデルがよく整備されていて、消費者が商品を買う意思を示しているものだけだ。陸上風力発電、太陽光発電、電気自動車は、すべて規模拡大の段階にある。

しかし、それらを大規模に展開するのは簡単ではない。わずか数十年のうちに電力量を三倍超にし、新しい電気の大部分を風力や太陽光などのクリーン・エネルギーでまかなわなければならないのだ。衣類乾燥機やカラーテレビが登場したときと同じスピードで電気自動車を普及させる必要もある。ものつくり方や育て方を変えながらも、生活に必要な道路、橋、食料を引きつづき供給しなければならない。

さいわい、第10章で触れたように、エネルギー技術の規模拡大に取り組むのは今回がはじめてではない。政策とイノベーションを結びつけることで、農村の電化をすすめ、化石燃料の国内生産を増やした経験がある。石油会社へのさまざまな税の優遇措置など、こうした政策の一部は化石燃料への補助金だと思われているかもしれないが、実のところそれらは、価値があると考えられていた技術を展開するための道具だった。思いだしてほしい。気候変動の考えがはじめて国民的な議論の対象になった一九七〇年代終わりまでは、生活の質を高め、経済発展を広めるいちばんの方法は化石燃料の使用を増やすことだと広く受け入れられていたのだ。化石燃料の使用を意図して増やしたときの教訓を、いまクリーン・エネルギーに活かすことができる。

では、それは実際のところ何を意味するのか。

炭素に値段をつけるカーボン・プライシング。炭素税であれ、企業が排出権を売り買いできる排出権取引であれ、グリーン・プレミアムをなくすための取り組みのなかでひときわ重要なのが、排出物に値段をつけることだ。

短期的に見ると、炭素に値段をつける意義は、化石燃料の値段を上げることによって、温室効果ガスを排出する製品には追加のコストがかかるのだと市場に知らせることにある。炭素に値段をつけて市場にシグナルを送ることが大切なのであって、そこから得られる収入を何に使うかはさほど重要ではない。経済学者の多くが、その資金は結果として生じるエネルギー価格の上昇を埋め合わせるために消費者や企業へ還元されてもいいと論じているが、他方で、その資金は気候変動の問題解決に役立つ研究開発やその他のインセンティブに使われるべきだという強力な主張もある。

より長期的には、排出実質ゼロに近づくにつれて、炭素価格を直接空気回収の費用に合わせて設定し、収入は空気から炭素を回収するのに使うようにすればいい。

ものに値段をつける際の考え方を根本から変えることになるにもかかわらず、炭素価格の考えはさまざまな学派の経済学者に認められ、政治的な立場のちがいを超えて広く受け入れられてきた。正しくそれを実行するのは、世界中どこでも技術的、政治的にむずかしい。ガソリンやその他の温室効果ガスを排出する製品（つまりほぼすべてのもの）に、人はそれだけのお金を追加で払う気になるだろうか。僕は解決策はこうあるべきだと指示するつもりはないが、目標の核になるのは、だれもが自分の排出コストを支払うようにすることだ。

クリーン電力基準。アメリカの二九の州とEUは、再生可能エネルギー・ポートフォリオ基準と呼ばれる一種の達成基準を採用している。電力会社が一定の割合の電力を再生可能エネルギー源から得ることを義務づけるものだ。これは市場ベースの柔軟な仕組みである。たとえば、ほかより多くの再生可能エネルギー源を利用できる電力会社は、あまり利用できない会社にクレジットを売ることができる。しかし、このアプローチの現在の運用方法には問題がある。電力会社が使えるのは特定の低炭素技術（風力、太陽光、地熱、ときに水力）に限定されていて、原子力や炭素回収といった選択肢が除外されているのだ。それによって事実上、排出削減の全体的なコストが上がっている。

現在、多くの州が採用を検討しているクリーン電力基準のほうが望ましい方法だ。再生可能エネルギー源だけに重点を置くのではなく、原子力や炭素回収を含むあらゆるクリーン・エネルギー技術を対象として基準を満たしているかを判断するからだ。柔軟で費用効果の高い方法だといえる。

クリーン燃料基準。達成基準を柔軟にするというこの考えは、ほかの部門にも応用でき、発電所のほかに自動車や建物からの排出削減にも活用できる。たとえば、輸送部門にクリーン燃料基準を適用すれば、電気自動車、次世代バイオ燃料、電気燃料などの低炭素ソリューションの展開に弾みをつけられる。クリーン電力基準と同じくこれも技術に対して中立で、規制対象となる事業者はクレジットを売買できる。いずれも消費者にかかるコストが下がるのが特徴だ。カリフォルニアが州の低炭素燃料基準によってこのモデルをつくりあげた。国のレベルでは、アメリカにはそうした政策の土台として再生燃料基準がある。それを改正して第10章で触れた問題を是正し、ほかの低炭素ソリューション（電気や電気燃料など）も含めるように対象を拡大すればいい。これは気候変動に対処する強力な道具になる。ＥＵの再生可能エネルギー指令も、同様の機会をヨーロッパに提供する。

クリーン製品基準。 達成基準を設ければ、セメント、鋼鉄、プラスティック、その他の炭素集約型製品の低炭素版を展開するのにも弾みをつけられる。このプロセスに着手するには、行政が自分たちの調達計画に基準を設定し、さまざまな納入業者がどれだけ〝クリーン〟かが全購入担当者にわかるように情報の表示義務を設ければよい。その後、この基準を拡大して、政府が購入するものだけでなく市場で販売されているすべての炭素集約型製品を対象にする。輸入品にも基準を満たす義務を課す。そうすることで、国内の製造部門で排出削減に取り組めば製品の値段が上がって競争で不利になるのではないかという国の懸念を解消できる。

古いものを追い出す。 新技術をできるだけ迅速に展開するのに加えて、政府は、発電所であれ自動車であれ、化石燃料で動く効率の悪いものを通常よりも早くリタイアさせる必要がある。発電所をつくるには多額の費用がかかるので、そこでつくられるエネルギーは、建設費用を耐用年数に振り分けて償却することでようやく安くできる。そのため電力会社とその規制機関は、問題なく稼働していてこの先何十年も使える発電所を閉鎖するのをいやがる。このプロセスを加速させるには、税法か公益事業の規制を通じて政策に基づいたインセンティブを提供すればいい。

だれが何をするのか

僕がいま述べたような計画を、ひとつの行政機関がすべて実行するのは不可能だ。意思決定の権限があまりにも広い範囲に分散しているからである。地方の交通計画策定者から国の立法府や環境規制当局まで、あらゆるレベルの行政で行動が必要だ。

正確な組み合わせは国によってさまざまだろうが、現在ほとんどの場所に当てはまる共通のテーマにいくつか触れておきたい。

地方自治体は、建物がどうつくられ、そこでどんな種類のエネルギーが使われるのか、バスやパトカーを電気自動車にするのか、電気自動車の充電設備をつくるのか、廃棄物をどう処理するのか、といったことを決めるのに重要な役割を果たす。

州レベルの行政機関のほとんどは、電力を規制し、道路や橋などのインフラを計画して、そうした事業で使われる資材を選ぶのに中心的な役割を果たす。

国の行政府は一般に州や国境をまたいだ活動に権限をもつので、電力市場を形成するルールを設定したり、汚染規制をつくったり、乗り物や燃料の基準を定めたりする。また巨大な調達力があり、財政的インセンティブのおもな提供元でもあって、通常はほかのレベルの行政機関よりも公的な研究開発に資金を多く提供する。

簡単にいうと、すべての国の政府は三つのことをする必要がある。

第一に、ゼロの達成を目標にしなければならない。富裕国は二〇五〇年まで、中所得国は二〇五〇年以降の可能なかぎり早い時期に達成することを目指す。

第二に、そうした目標を達成するための具体的な計画を策定しなければならない。二〇五〇年までにゼロを達成するには、二〇三〇年までに政策と市場構造が整っている必要がある。

第三に、研究に資金提供する立場にある国はすべて、研究がクリーン・エネルギー価格の大幅な引き下げに確実につながるようにしなければならない。つまりグリーン・プレミアムを大幅に下げて、中所得国が排出ゼロを実現できるようにする。

すべてがかみ合って動くとどうなるのか、それを知ってもらうために、以下ではアメリカでイノベーションを加速させる全行政的アプローチをひとつ示そう。

連邦政府

アメリカの政府は、エネルギーのイノベーションを推進するために、ほかのどこよりも多くの仕事をしている。エネルギー分野における研究開発の最大の資金提供者であり実行者でもあって、一二の連邦政府機関が研究をおこなっている（エネルギー省が圧倒的に大きなシェアを占める）。また、エネルギーの研究開発の方向とペースを管理するありとあらゆる道具をもっている。研究助成金、融資プログラム、税制上のインセンティブ、実験施設、パイロット事業、官民協働などだ。

連邦政府は、環境にやさしい製品と政策の需要を高めるのにも中心的な役割を果たす。国や地方自治体がつくる道路や橋の建設資金をまかない、送電線、パイプライン、国道などの州をまたぐインフラを管理して、複数の州にまたがる電力や燃料の市場のルールを設定する手助けをする。それに最も多くの税金を集めるので、連邦政府の金銭的インセンティブがあれば、変化をあと押しするのに最大の効果を発揮する。

新技術を広く展開させるにあたっても、連邦政府はほかのどこよりも大きな役割を果たす。州をまたいだ商取引を管理し、国際貿易と投資政策において最大の権限をもつので、州や国の境界線を超えた排出源を減らすには連邦政府の政策が必要だ（僕の愛読誌のひとつ《エコノミスト》によると、ほかの国でつくられてアメリカ人が消費している製品をすべて含めると、アメリカの排出量は約八パーセント高くなる。イギリスではおよそ四〇パーセント増となる）。カーボン・プライシング、クリーン電力基準、クリーン燃料基準、クリーン製品基準はすべて州のレベルで設定されるべきだが、全国で実施されればさらに効果的だ。

実際面ではこれは、連邦議会が研究開発、政府調達、インフラ整備に資金を提供する必要があるということであり、環境にやさしい政策と製品への金銭的なインセンティブをつくり、修正し、拡大する必要があるということだ。

一方で行政部門は、エネルギー省が省内で研究に取り組むのと同時に、ほかの研究にも資金を提供している。同省は連邦政府のクリーン電力基準を施行するにあたって中心的な役割を担うことになる。環境保護庁は、拡大版のクリーン燃料基準の計画と実施に責任を負う。連邦エネルギー規制委員会は卸電力市場および州をまたいだ送電とパイプライン事業を監督していることから、計画のインフラと市場の部分を管理する必要がある。

ほかにもまだまだある。農務省は土地利用と農業からの排出について中心的な仕事をする。国防総省は先進的な低排出の燃料や資材を購入する。米国科学財団は研究に資金提供する。運輸省は道路や橋の建設に資金援助する。などなどだ。

最後に、ゼロ達成に必要な仕事の資金をいかにまかなうのかという問題がある。ゼロを達成するのにこの先どれだけ費用がかかるのか、正確にはわからない。イノベーションの成否とスピード、展開の効果による。しかし巨額の投資が必要であることはまちがいない。

さいわいアメリカには成熟した創造的な資本市場があり、すばらしいアイデアを取り上げてそれを発展させ、短期間で展開できる。そうした市場が正しい方向へすすんでいくよう連邦政府が手助けする方法と、新しいかたちで連邦政府が民間セクターと協働する方法については、すでに提案した。中国、インド、ヨーロッパ諸国の多くなど、ほかの国にはアメリカほど強力な民間市場はないが、それでも気候変動に大規模な公共投資をおこなうことはできる。世界銀行やアジア、アフリカ、ヨーロッパの開発銀行のような多国間の銀行も、関与を深めようとしている。

はっきりしていることがふたつある。第一に、ゼロを達成し、生じることがわかっているダメージに適応するための投資額を劇的かつ長期的に増やす必要がある。僕の考えでは、政府と多国間の銀行は、もっとうまく民間資本を引き出さなければならない。両者の財源だけでは、これに取り組むには不十分だ。

第二に、気候への投資は長期にわたるものであり、リスクも高い。したがって公共セクターはその経済力を使い、長年見返りが得られない可能性があることを考慮に入れて投資期間を長くし、こうした投資のリスクを減らすべきだ。これほど大規模に公共と民間の資金を組み合わせるのは厄介だが、それは欠かせない。この問題に取り組むきわめて優秀な財務の専門家が必要だ。

州政府

アメリカでは多くの州が先頭に立って道を切りひらいている。二四の州とプエルトリコが超党派の米国気候同盟に加わり、二〇二五年までに最低二六パーセントの排出削減というパリ協定の目標達成を義務づけている。全国で必要な排出削減量には遠く及ばないが、無駄とはいえない。公益事業や道路建設事業を利用して長期蓄電や低排出セメントを市場に送りこむなど、州は斬新な技術と政策を広めるのに決定的な役割を果たすことができる。

州はまた、カーボン・プライシング、クリーン電力基準、クリーン燃料基準といった政策を、全国で実施する前にテストできる。それに、連携して地域連合を組むこともできる。たとえば、カリフォルニアと西部のほかの州は電力網を互いに接続しようとしていて、北東部の一部の州は排出権取引においてすでにこれを実行している。米国気候同盟とその連携都市はアメリカ経済の六〇パーセント超を占めている。つまり大きな力があり、市場を創出して新しいアイデアを大規模に展開する方法を示すことができるということだ。

州議会は州レベルのカーボン・プライシング制度、クリーン・エネルギー基準、クリーン燃料基準を導入する責任を負う。また、州の機関や公益事業委員会あるいは公共サービス委員会に指示し、先進的な低排出技術を優先するよう調達方針を変更させる。

州の機関は州議会と知事が設定した目標を達成するのに責任を負う。エネルギー効率と建築物関係の政策を監督し、州の輸送関係の政策と投資を管理して、汚染基準を守らせ、農業やその他の土地利用を規制する。

まずそんなことはないだろうが、だれかが駆け寄ってきて「気候変動に与える影響が大きいのに、世間で最も知名度が低い機関はどこですか」と尋ねられたら、「州の公益事業委員会です」か「州の公共サービス委員会です」（州によって名称が異なる）と答えるといい。たいていの人は公益事業委員会や公共サービス委員会など聞いたこともないが、実はアメリカの電力関係の規制の多くはそれらの委員会が管轄している。たとえば電力会社から提案された投資計画を承認したり、消費者が電気に支払う価格を決めたりといった具合だ。エネルギー需要を電気でまかなうことが多くなっていくにつれて、委員会の重要度はますます高まる。

地方自治体

アメリカ各地と世界各地の市長も排出削減に力を入れている。アメリカの一二の大都市が二〇五〇年までにカーボン・ニュートラルを実現することを目標にしていて、三〇〇を超える都市がパリ協定の目標達成を目指している。

市当局には州政府や連邦政府ほど排出への影響力はないが、無力とはまったくいえない。たとえば、自動車の排出基準を独自に決めることはできないが、電動バスを購入したり、電気自動車の充電スタンドを増やすのに助成をしたり、都市計画法を使って街の密度を高め通勤の移動距離を減らしたり、場合によっては化石燃料で動く自動車で市内の道路を走ることを制限したりできる。また、建物を環境にやさしくする政策をつくったり、所有する車両を電化したり、調達の運用指針を定めたり、自治体が所有する建物の性能基準を設定したりもできる。

それに、シアトル、ナッシュヴィル、オースティンなど一部の都市はローカルな公益事業会社を所有しているので、クリーンなエネルギー源から電気を得るよう監督できる。こうした都市は、クリーン・エネルギー事業の設備を市内の土地につくることも許可できる。

市議会は州議会や連邦議会と同じような行動をとり、気候関連の政策優先事項に資金を投じたり、自治体の関係機関に行動を求めたりできる。

自治体の関係機関も、州や連邦政府の機関と同様にさまざまな政策優先事項を監督する。建設局はエネルギー効率基準を遵守させる。交通局は電化をすすめ、道路や橋に使われる資材に影響力を行使できる。ごみ処理を担当する部局は大量の車両を管理していて、ごみ埋め立て地からの排出にも影響力をもつ。

連邦政府レベルの話に戻って、最後に一点考えたい。豊かな国は、どうすればフリーライダー（ただ乗り）の問題を解消する手助けができるのかという点である。

排出ゼロを無償で実現することはできない。これはごまかしようのない事実である。研究にさらなる資金を投じなければならないし、温室効果ガスを出す製品よりも現時点では高価なクリーン・エネルギー製品へ市場を移行させていく政策が求められる。

しかし未来の気候をよくするのと引き換えに、いま高額の費用を負担させるのはむずかしい。グリーン・プレミアムが大きな原因となって、さまざまな国、とりわけ中・低所得国が排出削減に抵抗している。カナダ、フィリピン、ブラジル、オーストラリア、フランスなど、世界中でそういった例が次々と見られ、ガソリン、灯油、その他の必需品にいまより高いお金を払いたくないという意思を国民が票や声で表明している。

これらの国の人たちも、温暖化を望んでいるわけではない。問題は、温暖化の解決策のために自分たちにかかる費用をその人たちが気にしていることだ。

では、フリーライダーの問題はどう解消すればいいのか。

二〇一五年のパリ協定で世界の国ぐにがしたように、意欲的な目標を設定して達成を義務づければ役に立つ。国際協定をばかにするのは簡単だが、進歩にはそれも欠かせない。オゾン層があってよかったと思うのなら、モントリオール議定書という国際協定のことを考えてみるといい。

こうした目標を設定したあとは、COP21のようなフォーラムで世界の国ぐにが集まり、進捗状況を報告して、うまくいっている取り組みを共有する。それが、各国政府に務めを果たさせるメカニズムになる。世界各国の政府が排出削減に価値があると合意したら、そこからはみ出て「気にするものか。こっちは温室効果ガスを出しつづけるぞ」とは言いにくくなる（僕たちも現に目にしたように、不可能ではまったくないが）。

参加を拒む者についてはどうすればいいのか。周知のとおり、炭素排出のようなものに対して国に責任を負わせるのはむずかしい。しかし不可能ではない。たとえば、炭素に値段をつけている政府は、国境調整と呼ばれる仕組みを導入すればいい。国内で生産されたものでもほかから輸入されたものでも、製品の炭素価格がきちんと支払われるようにする仕組みだ（低所得国からの製品は大目に見る必要がある。低所得国の優先事項は経済成長をすすめることであって、すでに非常に低い炭素排出を削減することではないからだ）。

炭素税を導入していない国も、温室効果ガス削減を優先事項にして達成に向けた政策を導入していない国とは貿易協定を結んだり多国間連携をしたりしない、という立場をはっきり示しておけばいい（ここでも低所得国は例外にする）。要するに、政府は互いにこう言えるのだ。「僕たちとビジネスをしたければ、気候変動を真剣に受けとめなければならない」

最後に、グリーン・プレミアムを下げる必要がある。僕の考えでは、これが最も重要だ。中・低所得国が排出を削減し、最終的にゼロにするのを助ける唯一の方法であり、それを実行に移すには豊かな国、とりわけアメリカ、日本、ヨーロッパ諸国が先導しなければならない。そもそも世界のイノベーションのほとんどが起こるのも豊かな国だ。

また、非常に重要な点がひとつある。世界が払うグリーン・プレミアムを下げるのは、慈善事業ではないということだ。アメリカのような国は、クリーン・エネルギーの研究開発への投資を、世界に対する厚意としてのみ考えるべきではない。科学においてブレークスルーを起こし、新しい企業からなる新しい産業を生み出して、雇用創出と排出削減に同時に取り組めるチャンスでもあると見なすべきだ。

国立衛生研究所（ＮＩＨ）が助成した医学研究のさまざまな恩恵を考えてみてほしい。ＮＩＨは研究成果を公表して、世界中の科学者がそれを活用できるようにしている。それに、その助成金によってアメリカ国内の大学の研究力も強化されている。また、大学はスタートアップとも大企業ともつながっている。これらの結果、高度な医学の専門知識がアメリカの輸出品になり、国内で高賃金の仕事をたくさん生み出して、世界中で命を救っているのだ。

テクノロジーの分野でも話の筋は同じだ。国防総省による初期の投資がインターネットとマイクロチップを生み、それがパソコン革命に拍車をかけた。

同じことをクリーン・エネルギーにも起こすことができる。数十億ドルの価値がある市場が、低価格のゼロ炭素セメントや鋼鉄、排出実質ゼロの液体燃料といったものが開発されるのを待っている。本書で示そうとしてきたように、こうしたブレークスルーを実現させて大規模に展開するのはむずかしいが、チャンスはきわめて大きいので、世界のほかの国に先んじてそれに取り組む価値がある。いずれだれかがこうした技術を発明するはずだ。だれが、どれだけ早くやるかというだけの問題である。

この課題への取り組みに弾みをつけるために、地域レベルから国レベルまで、個人ができることもたくさんある。最終章となる次章で、それを取り上げたい。

第12章　一人ひとりにできること

気候変動ほどの大きな問題を目の前にすると、無力感を覚えるのも無理はない。しかし、あなたは無力ではない。政治家や慈善家でなくても状況は変えられる。あなたにも市民、消費者、従業員、雇い主としての影響力があるからだ。

市民として

気候変動に歯止めをかけるために、自分には何ができるのか。そう考えたときに自然と思い浮かぶのは、電気自動車を運転したり、食べる肉の量を減らしたりといったことだろう。この種の個人レベルの行動は、市場にシグナルを送るために重要だ（これについては次の節でさらに説明する）。しかし排出の大部分は、僕たちがそのなかで暮らす大きなシステムからのものだ。

朝食にトーストを食べたければ、パンの輸送、トースターの製造、トースターを動かす電気について、大気中の温室効果ガスを増やさないシステムが必要だ。トーストを食べるなと人に言っても、気候の問題は解決できない。

しかしこの新しいエネルギー・システムを整えるには、協調した政治行動が求められる。だからこそ、気候大災害を避けるのを手助けするために、すべての立場の人にできる何より重要なことは、政治プロセスに参加することだ。

政治家に会うと、彼らが抱えている仕事は気候変動だけではないのだとあらためて気づかされる。政府のリーダーは、教育、雇用、医療、外交政策、最近ではＣＯＶＩＤ－19のことも考えているのである。これは当然のことだ。これらの問題にもすべて注意が向けられなければならない。しかし、政策立案者は一度に限られた数の問題にしか取り組むことができない。そして、選挙区民の声をもとに、何をして何を優先させるかを決める。

つまり有権者が求めたなら、政治家は気候変動対策の具体的な計画を採用するということだ。世界中の活動家のおかげで、そうした要求を新たに生み出す必要はない。何百万もの人が、すでに行動を求めている。しかし、この要求を圧力に変え、排出削減の公約を果たすのに必要な厳しい選択や取引をするよう政治家の背中を押す必要がある。

ほかにどんな手段があろうとも、あなたはつねに声と投票権を使って変化を起こすことができるのだ。

電話する、手紙を書く、対話集会に参加する。気候変動の長期的な問題について考えるのは、雇用や教育や医療について考えるのと同じぐらい大切である。それを地域のリーダーたちに理解させるのに、あなたもひと役買うことができる。

時代遅れだと思われるかもしれないが、政治家への手紙や電話には大きな影響力がある。議員たちは、選挙区民から事務所に寄せられる声について頻繁に報告を受けている。ただし、「気候変動をなんとかしてください」と言うだけではだめだ。議員たちの見解を知り、質問して、投票先を決める際にこの問題を参考にすることをはっきり示す。また、クリーン・エネルギーの研究開発資金の増額、クリーン・エネルギー基準、カーボン・プライシング、そのほか第11章で紹介した政策を求める。

国だけでなく地方にも目を向ける。関係する多くの決定が、州や地方自治体のレベルで、知事、市長、議会によって下されている。一人ひとりの市民は、国家レベルよりもこうした場所でさらに大きな影響力を行使できる。たとえばアメリカでは、電気はおもに州全体をカバーし、選挙で選ばれるかあるいは任命された委員からなる公益事業委員会によって規制されている。あなたの代表がだれかを知り、連絡をとりつづける。

選挙に出馬する。国の議会の選挙に出馬するのはむずかしい。しかし、いきなりそこからはじめなくてもいい。地方自治体の公職選挙に立候補することもでき、おそらくそこでのほうが大きな影響を与えられる。公職には政策力、勇気、創造性が、できるだけたくさん必要だ。

消費者として

市場は需要と供給の法則に従って動いている。消費者としてのあなたは、この法則の需要側にきわめて大きな影響を与えられる。意義ある変化を起こすことに集中し、僕たちみんなが個人で買ったり使ったりするものを変えれば、それが積み重なって大きな力になりうる。たとえばスマート・サーモスタットを家に取りつける金銭的な余裕があって、外出中のエネルギー消費を減らせるのなら、ぜひそうするといい。光熱費と温室効果ガスの排出を同時に削減できる。

しかしあなたにできる最も効果的なことは、自分自身の炭素排出を減らすことではない。みんなが炭素ゼロの代替物を望んでいて、それにお金を払う意思があるというシグナルを市場に送ることだ。普通よりも高いお金を出して電気自動車、ヒートポンプ、植物由来のハンバーガーを買うときには、「これには市場があります。買います」と言っているわけだ。それなりの数の人が同じシグナルを送ったら、企業はそれに反応する。僕の経験からいえば、かなり素早く反応する。さらなる時間と資金を投入して低炭素製品の製造に取り組み、その結果、そうした製品の値段が下がって広く普及しやすくなる。それに投資家は、ゼロ達成に役立つブレークスルーを開発している新企業に自信をもって資金を投じられるようになる。

このような需要側の意思表示がなければ、政府と企業が投資しているイノベーションは活用されない。あるいはそもそも開発されなくなる。開発する経済的なインセンティブがないからだ。

あなたにできることをいくつか具体的に紹介しよう。

電力会社のグリーン料金プログラムに登録する。電力会社のなかには、クリーンなエネルギー源からつくられた電力に一般家庭や企業が追加料金を払えるようにしているところがある。アメリカでは一三の州が電力会社にこの選択肢を用意することを義務づけている（どの州がそうしているかは、気候エネルギー・ソリューション・センター〔Ｃ２ＥＳ〕ウェブサイトのグリーン料金プログラム・マップを見ればわかる。www.c2es.org/document/green-pricing-programs）。プログラムに登録した利用者は、再生可能エネルギーの追加コストをまかなうプレミアムを支払う。平均するとキロワット時あたり一～二セント、典型的なアメリカの家庭では一カ月に九～一八ドルだ。こうしたプログラムに登録すれば、気候変動に対処するために追加でお金を払う意思があることを電力会社に伝えられる。これは重要なマーケット・シグナルだ。

しかしこうしたプログラムでは排出を相殺したり、電力網で使われる再生可能エネルギーを大幅に増やしたりはできない。それができるのは、政府政策とさらなる投資だけだ。

家庭での排出を減らす。使えるお金と時間によって、白熱電球をＬＥＤに替えたり、スマート・サーモメーターを取りつけたり、窓を断熱にしたり、省エネルギーの家電を買ったり、冷暖房システムをヒートポンプに取り替えたり（それが使える気候環境のもとで暮らしていたら）できる。賃貸の家に住んでいたら、電球を取り替えるなど自分にできる範囲で手を加え、できないことは大家にやってもらうよう促すこともできるだろう。家を新築したり改築したりするなら、リサイクルの鋼鉄を選び、構造断熱パネルや断熱コンクリート・フォーム、屋根裏や屋根の放射熱バリア、反射断熱材、基礎断熱を使って家を省エネルギーにできる。

電気自動車を買う。電気自動車は費用と性能の面で大きな進歩を遂げた。すべての人にふさわしいわけではないかもしれないが（長距離移動をたくさんする人には向かないし、自宅で充電をしにくい人もいる）、多くの消費者が手を出せる値段になりつつある。これも、消費者の行動がきわめて大きな影響を与えられる領域だ。たくさん買うと、企業もたくさんつくるようになる。

植物由来のハンバーガーを食べてみる。これまでの代替肉を使用したハンバーガーが必ずしもおいしくなかったのは認めるが、新世代の植物由来の代替たんぱく質は以前のものよりおいしく、味も食感も肉に近づいていて、多くのレストラン、食料品店、場合によってはファストフード店でも売られている。こうした製品を買えば、それをつくるのが望ましい投資だという明確なメッセージを送ることができる。それに、週に一、二度だけでも代替肉を食べれば（あるいは肉を食べなければ）、あなたの炭素排出を減らせる。同じことは乳製品にもいえる。

従業員あるいは雇い主として

従業員あるいは株主として、あなたは会社が務めを果たすようあと押しできる。もちろん、大企業は多くの分野で最大の影響を及ぼすが、小さな会社も、特に地域の商工会議所のような組織を通じてともに行動すれば、多くのことができる。

一部の手段はほかの手段よりも取り組みやすい。簡単な取り組みもたしかに重要だ。たとえば、排出を相殺するために木を植えるのは環境面でも政治面でもいいことだ。それによって、気候変動を気にかけていることをはっきりと示せる。

しかし、簡単なことだけしていても問題は解決できない。民間セクターは、むずかしい手段にも取り組む必要がある。

それは、より大きなリスクを引き受けるということでもある。たとえば、失敗する可能性もあるがクリーン・エネルギーのブレークスルーにつながる可能性もある事業に資金提供するといったことだ。株主と役員は、たとえ最終的に成功しなくても賢明な投資を支える意思があることを経営陣にはっきり示し、このリスクをすすんで分かち合う必要がある。企業とそのリーダーたちは、気候変動対策を前進させる賭けをした際にそれに報いられなければならない。

企業も互いに協力し、気候変動の最も困難な課題を明確にして、その解決に取り組むことができる。つまりグリーン・プレミアムが最も高い分野を探し、それを下げるよう努めるということだ。企業は、鋼鉄やセメントといった資材の世界最大規模の民間消費者である。その企業が連携してひとつになり、クリーンな代替物を求めて、その製造に必要なインフラに投資すれば、研究を加速させて市場を正しい方向へ移行させられるだろう。

最後に、民間セクターは、こうした困難な選択を先頭に立って擁護できる。たとえば自社の資金を使ってこうした市場をつくることを引き受けたり、新技術が成功を収められるように規制構造をつくることを政府に要求したりといった具合だ。政治家は最大の排出源と最も困難な技術面の課題に集中しているだろうか。グリッドスケールのエネルギー貯蔵、電気燃料、核融合、炭素回収、炭素ゼロのセメントや鋼鉄について語っているか。そうしていなければ、二〇五〇年までに排出ゼロという目標に向かうように手助けしてくれているとはいえない。

こうした考えに沿って、民間セクターができることをいくつか具体的に紹介しよう。

社内炭素税を導入する。大企業のなかには、社内の各部署に炭素税を課しているところもある。そうした企業は、排出削減に取り組むと口先で言っているだけではなく、製品を実験室から市場に出すのを手助けしている。というのも、社内炭素税からの収入はグリーン・プレミアムを減らす活動に直接投入することができ、その会社が必要とするクリーン・エネルギー製品の市場をつくるのにひと役買えるからだ。従業員、投資家、顧客はこのアプローチを擁護し、実施に責任を負う経営陣を支援できる。

低炭素ソリューションにおけるイノベーションを優先させる。ほとんどの業界ではかつて、新しいアイデアに投資するのは誇らしいことだと考えられていた。しかし、企業による研究開発の栄光の日々は終わりを告げた。現在、航空宇宙、資材、エネルギー業界は、平均すると収入の五パーセント未満しか研究開発に使っていない（ソフトウェア企業は一五パーセントを超える額を使っている）。企業はふたたび研究開発を優先させるべきであり、長期的な取り組みが求められることも多い低炭素イノベーションの研究には特にそれが当てはまる。比較的大きな企業は政府の研究者と連携し、商業界の現実に即した経験を研究の取り組みに持ちこむことができる。

アーリー・アダプター（早期導入者）になる。政府と同じく企業も大量の製品を買うので、それを利用して新技術の採用に弾みをつけられる。たとえば社用車を電気自動車にしたり、社屋の新築や改修の際に低炭素資材を使ったり、クリーン・エネルギーを一定量使ったりといった具合だ。マイクロソフト、グーグル、アマゾン、ディズニーを含めた世界中の多くの企業が、すでに業務のかなりの部分で再生可能エネルギーを使用している。海運企業のマースクは、二〇五〇年までに排出を実質ゼロにするとしている。

こうした目標は達成するのはむずかしいが、炭素ゼロ手段の開発には価値があるという重要なマーケット・シグナルになる。イノベーターは、自分たちの製品に需要があり、それを買おうとする市場があるとわかるのだ。

政策形成のプロセスに参加する。企業は政府と仕事をするのを恐れてはならないし、政府も企業と仕事をするのを恐れるべきではない。企業はゼロ達成を支持し、それを可能にする基礎科学と応用研究開発のプログラムに資金援助すべきだ。過去数十年間で企業の研究開発が下火になってきたことを考えると、これはいっそう重要である。

政府資金による研究とつながりをもつ。企業は政府の研究開発プログラムに助言し、製品化の可能性が最も高いアイデアに基礎研究と応用研究が集中するように促すべきだ（日々製品を開発して売りこんでいる企業は、成功しそうなものとそうでないものをだれよりも熟知している）。産業諮問委員会に加わって計画策定に参加すれば、コストをあまりかけずに政府の研究開発プログラムを正しい方向へ導くことができる。

企業はまた、協定を結んで費用を分担したり、共同研究プロジェクトを実施したりすることで、研究開発に資金援助することもできる。この種の官民連携を通じて、ガスタービンや次世代ディーゼルエンジンが開発された。

アーリーステージのイノベーターが死の谷を切り抜けられるよう手助けする。リスクや費用が高すぎることが理由で、多くの研究者が有望なアイデアを製品化できずにいる。有力企業は、実験施設を使用させたり、コストの指標となるデータを提供したりして、その手助けができる。さらに力を入れたければ、起業家のためのフェローシップやインキュベーション・プログラムを提供したり、新技術に投資したり、低炭素イノベーションに特化した事業部門をつくったり、新しい低炭素事業に資金提供したりもできる。

最後にひとつ

不幸なことに、気候変動をめぐる議論はことさらに二極化している。また、矛盾する情報や混乱を招く話によって論点がぼやけているのも周知のとおりだ。この議論をもっと思慮深く建設的なものにしなければならない。そして何より、ゼロ達成に向かう現実的で具体的な計画を議論の中心に据える必要がある。

この議論をもっと生産的にすすませる奇跡の発明があればいいのにと思う。当然そんなものは存在しない。すべて僕たち一人ひとりにかかっている。

家族や友人、リーダーたちなど、身のまわりの人たちに事実を伝えることで、議論のあり方を変えられるのではないだろうか。僕はそう願っている。その際には行動が必要な理由だけでなく、最も役に立つ行動が何かも話してもらいたい。本書を書いているのは、そうした会話を増やすきっかけをつくりたいからでもある。

また、政治のちがいを超えた計画のもとで一致団結することも願っている。あまりにも甘い考えだと思われるかもしれないが、本書で示そうとしてきたように、必ずしもそうとはかぎらない。気候変動に効果的に対処するソリューションの市場は、まだだれにも独占されていない。民間セクター、政府介入、行動主義、それらの組み合わせ、そのどれを信じていても、あなたが支持できる実用的なアイデアがあるはずだ。支持できないアイデアには反対の声を上げなければいけないと思うかもしれないし、そう感じるのも理解できる。しかし反対するものと争うよりも、賛成するものを支えるのに時間とエネルギーを割いてもらいたいというのが僕の願いだ。

気候変動の脅威が迫るなか、未来を楽観視するのはむずかしい。しかし、僕の友人で国際保健の活動にも力を入れた教育者、故ハンス・ロスリングが驚くべき著書『FACTFULNESS』に書いているように、「事実に基づいて世界を見れば、世の中もそれほど悪くないと思えてくる。これからも世界を良くし続けるために僕たちに何ができるかも、そこから見えてくるはずだ」[1]。

事実に基づいて気候変動を見ると何がわかるのか。気候大災害を避けるために必要なものはすでに一部存在するが、すべてが揃っているわけではないことがわかる。いまある解決策を展開する障害となり、必要とされるブレークスルーを阻んでいるものが何かもわかる。それに、こうしたハードルを越えるためにしなければならない仕事もすべてわかる。

僕は楽観している。技術が何を成し遂げられるか知っているし、人びとが何を成し遂げられるかも知っているからだ。僕は、この問題の解決に向けたありとあらゆる情熱、とりわけ若者たちの情熱を目にして、おおいに刺激を受けている。ゼロを達成するという大きな目標を見据え、この目標を達成するために本格的な計画をつくれば、大災害は避けられる。気候をだれもがしのげる程度に保ち、何億もの貧しい人たちが人生を最大限楽しめるように手助けして、将来の世代のために地球を維持する。僕たちにはそれができるのだ。

おわりに　気候変動とCOVID－19

　僕がこの本を書き終えたのは、近年記憶されているなかで最も心かき乱される年の終わりだった。この「おわりに」を書いている二〇二〇年一一月の時点で、COVID－19のために世界中で一四〇万を超える人がすでに死亡し、さらなる感染者と死者の波が押し寄せつつある。このパンデミックによって、僕たちの働き方、暮らし方、交際の仕方が変わった。

　それと同時に二〇二〇年は、気候変動対策に希望を抱く新たな理由ができた年でもあった。ジョー・バイデンが大統領に当選し、アメリカがこの問題でふたたび主導的な役割を果たす準備が整った。中国は二〇六〇年までにカーボン・ニュートラルを実現するという野心的な目標を掲げた。二〇二一年には、国連がスコットランドで次の大きな気候変動会議を開催する。もちろんどれも進歩を保証するわけではないが、チャンスはあるということだ。

　二〇二一年、僕は、世界中のリーダーと気候変動およびCOVID－19について話し合うのにほとんどの時間を割くことになるだろう。今回のパンデミックからの教訓の多くは、また今回のパンデミックへのアプローチを導いている価値観と原則は、気候変動にも同じように当てはまる。そのことをリーダーたちに示すつもりだ。すでに述べたことの繰り返しになるかもしれないが、ここでそれをまとめておきたい。

第一に、国際協力が必要だ。〝ともに行動しなければならない〟というフレーズは決まり文句としてばかにされがちだが、これは事実だ。政府、研究者、製薬会社がCOVID－19の問題にともに取り組んだことで、世界は驚くべき前進を遂げた。たとえば、記録的な短期間でワクチンを開発し試験することができた。そして、互いから学ばずにほかの国を悪者に仕立てあげたり、ウイルスの感染拡大を遅らせるマスクや社会的距離《ソーシャル・ディスタンス》の確保を拒んだりしたときには、苦境を長引かせることになった。

同じことは気候変動にもいえる。豊かな国が自国の排出削減だけを気にかけ、クリーン技術をだれもが使えるように実用化するのを怠っていたら、ゼロに到達することはできない。その意味で、他者を助けるのは単なる利他的な行為ではなく、僕たち自身の利益のためでもある。僕たちにはみなゼロを達成する理由があり、他者を助ける理由もあるのだ。インドで排出増加を食い止めなければ、テキサスの気温上昇を止めることはできない。

第二に、科学の（さまざまな科学の）知見に従って取り組みをすすめる必要がある。COVID－19では、生物学、ウイルス学、薬理学に頼り、政治学や経済学の力も借りた。そもそもワクチンを公平に分配する方法を決めるのは、その本質からして政治的な行為だ。また、疫学がＣＯＶＩＤ－19のリスクは教えてくれるがそれを食い止める手立ては教えてくれないのと同じで、気候科学は僕たちが方向転換しなければいけない理由を教えてはくれるが、それを実行する方法は教えてくれない。それを知るには、工学、物理学、環境科学、経済学などの知見が求められる。

第三に、解決策は最大の打撃を受ける人たちのニーズに合ったものにすべきだ。ＣＯＶＩＤ－19では、最も深刻な被害を受けたのは最も選択肢が少ない人だった。たとえば在宅勤務をしたり、自分自身や愛する者の身をいたわるために休みをとったりできない人たちだ。そのほとんどが、白人以外の低所得者である。

アメリカでは、新型コロナウイルスの感染者と死者は、黒人とラテン系に不釣り合いに多い。[1] 黒人とラテン系の生徒は、白人よりもオンラインで授業を受けられないことも多い。メディケア（高齢者を対象とした政府の医療保障）の受給者のうち、ＣＯＶＩＤ－19による死者は貧しい人のほうが四倍も多かった。[2] アメリカでウイルスをコントロールするにあたっては、こうした格差を埋めるのが鍵になる。

世界では、ＣＯＶＩＤ－19によって貧困と病気をめぐる数十年分の進歩が無に帰した。パンデミックへの対処に向かうなかで、各国政府は人員と資金を予防接種プログラムなどほかの優先事項から引き揚げざるをえなかった。保健指標評価研究所（ＩＨＭＥ）の研究によると、二〇二〇年の予防接種率は一九九〇年代のレベルまで下がったという。[3] 二五年分の進歩が二五週間ほどで失われたのだ。

豊かな国はすでに国際保健に多額の貢献をしているが、この損失を埋め合わせるためにさらに大きな貢献をする必要がある。多くの資金を投じて世界各地の保健システムを強化すればするほど、次のパンデミックにうまく備えられるようになる。

それと同様に、排出ゼロの未来に公正に移行できるよう計画を整える必要がある。第9章で論じたように、貧しい国の人びとは、温暖化した世界に適応する手助けが必要だ。またより豊かな国は、エネルギー移行によって現在のエネルギー・システムに依存するコミュニティに混乱が生じることを心得ておく必要がある。石炭鉱業が主要産業だったり、セメントをつくっていたり、鋼鉄を製錬していたり、自動車を製造していたりするコミュニティだ。それに加えて、多くの人がこうした産業に間接的に依存する仕事に就いている。石炭や燃料がいまほど移動に使われなくなると、トラック運転手や鉄道職員の仕事が減る。労働者階級の経済の相当部分が影響を受けるので、こうしたコミュニティのための移行計画が必要だ。

最後に、経済をCOVID-19の大打撃から救い、それと同時に気候大災害を避けるイノベーションを呼ぶためにできることがある。クリーン・エネルギーの研究開発に投資すれば、政府は経済回復を促進し、同時に排出削減も手助けできるのだ。たしかに研究開発への支出が最大の効果を発揮するのは長期的に見たときだが、すぐに現れる効果もある。この資金によって即座に雇用が創出されるのだ。二〇一八年には、アメリカがあらゆるセクターの研究開発に直接的・間接的に投じた資金によって一六〇万人以上の仕事が支えられ、一二六〇億ドルの収入がもたらされて、連邦政府と州は三九〇億ドルの税収を得た(4)。

経済成長と炭素ゼロのイノベーションが結びつく領域は、研究開発だけではない。政府はグリーン・プレミアムを減らす政策を採用し、環境にやさしい製品が化石燃料由来の競合品と競争しやすくすることで、クリーン・エネルギー企業を助けることもできる。また、ＣＯＶＩＤ－19救済策の資金を使って、再生可能エネルギーの使用を拡大したり、統合された電力網をつくったりすることもできる。

二〇二〇年は悲劇的できわめて大きな停滞の年だった。しかし僕は、二〇二一年にはＣＯＶＩＤ－19を抑えられると楽観視している。それに気候変動についても真の進歩を成し遂げられると思っている。世界はこれまでになくこの問題の解決に力を入れているからだ。

二〇〇八年に世界経済が大不況に陥ったとき、気候変動対策への世論の支持は急落した。ふたつの危機に同時に対処できるとは思えなかったからだ。

今回は当時とは異なる。パンデミックによって世界経済は大打撃を受けたが、気候変動対策への支持は二〇一九年と同じ水準にとどまっている。炭素排出の問題はこれ以上先送りできないとだれもが思っているようだ。

問題は、この勢いをどう活用するかだ。答えははっきりしている。今後の一〇年を使って、二〇五〇年までに温室効果ガスを除去できる技術、政策、市場構造に集中して取り組むべきだ。今後の一〇年をこの野心的な目標に捧げること。悲惨な二〇二〇年への応答としてそれより望ましいものがあるとは、僕には思えない。

謝　辞

本書を完成させる手助けをしてくれたゲイツ・ヴェンチャーズとブレークスルー・エナジーのみなさんに感謝したい。

ジョッシュ・ダニエルは執筆時のかけがえのないパートナーだ。気候変動とクリーン・エネルギーの複雑な情報を、可能なかぎりシンプルかつ明確に表現する手助けをしてくれた。本書が僕の望むような効果的な一冊になっているとするなら、ジョッシュの手腕によるところが大きい。

僕がこの本を書いたのは、気候変動に対処する効果的な計画を採用するよう世界に促したかったからだ。その取り組みにおいて、ジョナ・ゴールドマンと彼のチームのロビン・ミリカン、マイク・ブーツ、ローレン・ネヴィンらは、これ以上望みようがないパートナーだった。本書のアイデアが影響力をもてるように、気候の政策と戦略についてかけがえのないアドバイスを提供してくれた。

イアン・ソーンダーズは、期待どおりの独創性を発揮して製作プロセスを率いてくれた。アヌ・ホースマンとブレント・クリストファーソンは、〈ビヨンド・ワーズ〉の専門家の助けを借りながら図表をデザインし、本書に命を吹きこむ写真を選んでくれた。

ブリジット・アーノルドとアンディ・クックは、広報の取り組みを率いてくれた。

そしてラリー・コーエンは、いつもの落ちつきと見識をもってこの仕事全体を管理してくれた。

トレヴァー・ハウザーとケイト・ラーセンが率いるロジウム・グループのチームは、驚くほど協力的だった。チームの研究と助言は、本書のあらゆるところに反映されている。

ブレークスルー・エナジー・ヴェンチャーズの役員全員にも感謝している。ムケシュ・アンバニ、ジョン・アーノルド、ジョン・ドーア、ロディ・グイデロ、アビー・ジョンソン、ヴィノッド・コースラ、ジャック・マー、ハッソ・プラットナー、カーマイケル・ロバーツ、エリック・トゥーン。

マイクロソフトの元同僚ふたり、ジェイブ・ブルーメンタールとカレン・フライズは、二〇〇六年に気候変動についての最初の学習の場を僕のために設けてくれた。そして、そこでふたりの気候科学者を紹介してくれた。当時カーネギー研究所にいたケン・カルデイラと、ハーヴァード大学環境センターのデイヴィッド・キースだ。それ以来、ケンとデイヴィッドとは数え切れないほど対話を重ね、それを通じて僕の考えが形成されてきた。

ケンと彼のもとで働く博士研究員のチーム、キャンディス・ヘンリー、レベッカ・ピア、タイラー・ラグルズは草稿を隅から隅まで熟読し、事実の誤りがないか確認してくれた。その緻密《ちみつ》な仕事ぶりに感謝している。残っている過誤はすべて僕の責任である。

ケンブリッジ大学の故デービッド・マッケイのウィットと見識からは、おおいに刺激を受けた。エネルギーと気候変動について深く知りたい人には、彼の名著『持続可能なエネルギー――「数値」で見るその可能性』をお薦めする。

マニトバ大学名誉教授のバーツラフ・シュミルほどすぐれたシステム思考家には、なかなかお目にかかれない。本書への彼の影響は、とりわけエネルギー移行の歴史についてのくだりに顕著である。また、僕が誤りを犯すのを避ける手助けもしてくれた。

長年のあいだに、豊かな知識をもつ数多くの人に出会い、その人たちから学ぶことができたのは幸運だった。惜しみなく時間を割いてくれた、ラマー・アレグザンダー元上院議員、ジョッシュ・ボルテン、キャロル・ブラウナー、スティーヴン・チュー、アルン・マジュムダール、アーネスト・モニーツ、リサ・マカウスキ上院議員、ヘンリー・ポールソン、ジョン・ポデスタにお礼を言いたい。

ネイサン・マイアーヴォールドは、初期の草稿を読んで思慮に富んだフィードバックをくれた。ネイサンは、ほんとうに考えていることを躊躇《ちゅうちょ》なく僕に話してくれる。アドバイスを受け入れないときでも、そのことにはいつも感謝している。

ほかの友人や同僚も、ありがたいことに時間を割いて草稿を読み、フィードバックをくれた。

ウォーレン・バフェット、シーラ・グラティ、シャーロット・ガイマン、ジェフ・ラム、ブラッド・スミス、マーク・セント・ジョン、マーク・スズマン、ローウェル・ウッドらだ。

ブレークスルー・エナジーのチームの面々にも感謝したい。メーガン・ベイダー、ジュリー・バーガー、アダム・バーンズ、ファラ・ベンアハメド、ケン・カルデイラ、サード・チャウダリー、ジェイ・デッシー、ゲイル・イーズリー、ベン・ガディ、アシュリー・グロッシュ、ジョン・ヘッグ、コナー・ハンド、アリヤ・ハク、ヴィクトリア・ハント、アンナ・ハーリマン、ジクシシュトフ・イグナシウク、カミラ・ジェンキンズ、クリスティー・ジョーンズ、ケーシー・リーバー、イファン・リ、ダン・ライヴェングッド、ジェニファー・マイス、リディヤ・マコーネン、マリア・マルティネス、アン・メトラー、トリシャ・ミラー、カスパー・ミュラー、ダニエル・マルドリュー、フィリップ・オッフェンバーグ、ダニエル・オルセン、メリエル・オンドレイカ、ジュリア・レイノー、ベン・ルイーユ・ドルフィーユ、ディリープ・シヴァム、ジム・ヴァンデプッテ、デマリス・ウェブスター、バイナン・シャ、イーシン・ス、アリソン・ゼルマン。

ゲイツ・ヴェンチャーズのチームから得たあらゆる支援に感謝している。次の方々にお礼を言いたい。キャサリン・オーガスティン、ローラ・エイヤーズ、ベッキー・バートレイン、シャロン・バーグクイスト、リサ・ビショップ、オーブリー・ボグドノヴィチ、ニランジャン・ボーズ、ヒラリー・バウンズ、ブラッドリー・カスタネーダ、クイン・コーネリウス、ゼフィラ・デイヴイス、プラータナ・デサイ、ピア・ディアーキング、グレッグ・エスケナジ、サラ・フォスモ、ジョッシュ・フリードマン、ジョアンナ・フラー、ミーガン・グルーブ、ロディ・グイデロ、ロブ・ガス、ダイアン・ヘンソン、トニー・ヘルシャー、ミナ・ホーガン、マーガレット・ホルジンガー、ジェフ・ヒューストン、トリシア・ジェスター、ローレン・ジロティ、クロエ・ジョンソン、ゴータム・カンドル、リーゼル・キール、メレディス・キンボール、トッド・クレヘンビユール、ジェン・クライチェク、ジェフ・ラム、ジェン・ラングストン、ジョーディン・レラム、ジェイコブ・ライムストール、アビー・ロース、ジェニー・ライマン、マイク・マグワイア、クリスティーナ・マルツベンダー、グレッグ・マルティネス、ニコール・マクドゥーガル、キム・マギー、エマ・マクヒュー、ケリー・マクネリス、ジョー・マイケルス、クレイグ・ミラー、レイ・ミンチュー、ヴァレリー・モロネス、ジョン・マーフィー、ディロン・ミッドランド、カイル・ネッテルブラット、ポール・ネヴィン、パトリック・オーエンズ、ハンナ・パルコ、ムクタ・ファタク、デイヴィッド・フィリップス、トニー・パウンド、ボブ・レーガン、ケイト・レイズナー、オリヴァー・ロスチャイルド、ケイティ・ラップ、マヒーン・サホー、アリシア・サーモンド、ブライアン・サンダース、ＫＪ・シャーマン、ケヴィン・スモールウッド、ジャクリーン・スミス、スティーヴ・スプリングメイヤー、レイチェル・ストレッジ、キオタ・テリエン、キャロライン・チルデン、ショーン・ウィリアムズ、サンライズ・スワンソン・ウィリアムズ、ヤスミン・ワジール、カイリン・ワイアット、マリア・ヤング、ネイオミ・ズーカー。

クノッフ社のチームにも感謝したい。ボブ・ゴットリーブが早い時期に支援してくれたおかげで、本書の刊行が実現した。彼のすばらしい編集能力は、すべて評判どおりだ。キャサリン・ハウリガンは、スキルと魅力をもって本書の編集と製作の一つひとつの段階を導いてくれた。次の方々にもお礼を言いたい。故ソニー・メータ、レーガン・アーサー、マヤ・マヴジー、トニー・チリコ、アンディ・ヒューズ、ポール・ボガーズ、クリス・ギレスピー、リディア・ブシュラー、マイク・コリカ、ジョン・ガル、スザンヌ・スミス、セリーナ・リーマン、ケイト・ヒューズ、アン・エイケンボーム、ジェシカ・パーセル、ジュリアン・クランシー、エリザベス・バーナード。また、父親のボブにこの企画を紹介してくれたリジー・ゴットリーブにも感謝している。

最後に、メリンダ、ジェン、ロリー、フィービー、姉のクリスティと妹のリビー、本書の執筆中に他界した父のビル・ゲイツ・シニアにも感謝したい。愛情に満ちていていつも支えてくれる最高の家族だ。

訳者あとがき

地球が温暖化していることに疑いの余地はなく、その影響はきわめて深刻になることが予想される——国連の〈気候変動に関する政府間パネル〉（ＩＰＣＣ）の第五次評価報告書でも確認されているこの事実はすでに広く受け入れられており、気候変動への対策を論じる書籍も数多く刊行されてきた。

本書もそれらのなかの一冊ではあるが、きわめて特徴的な一冊でもある。マイクロソフト社の共同創業者・技術者であり、ビル＆メリンダ・ゲイツ財団で発展途上国の健康や貧困の問題に取り組んできた慈善活動家でもある著者、ビル・ゲイツの足跡と関心がはっきりと反映された一冊だからである。

第一に、本書では何より技術による解決策に焦点が合わされる。「テクノロジーのマニア」を自称するゲイツは、「問題を示されれば、それを解決する技術を探す」。気候変動では、問題は

「大気中の温室効果ガスを増やすのをやめなければ、気温は上がりつづける」ことである。現状では年間およそ五一〇億トンが排出されている。これをゼロにしなければならない。

この問題にたいしてゲイツは、「それを解決する技術」を提示する。年間五一〇億トンを、電気を使う（二七パーセント）、ものをつくる（三一パーセント）、ものを育てる（一九パーセント）、移動する（一六パーセント）、冷やしたり暖めたりする（七パーセント）の五つの分野に分け、最先端の研究の到達点をふまえながら、各領域で既存の炭素ゼロ技術の選択肢およびその可能性と限界を示していく。

ここでゲイツを動かしているのはゼロ達成への強い使命感だが、それだけではない。彼は技術そのものに魅了されてもいる。息子と発電所の見学を楽しみ、電気を安く安定して供給するインフラに「畏敬の念を」抱く。タンザニアの流通施設を訪れ、「魔法のような」肥料の山の前でとびきりの笑顔で写真に収まる。「テクノロジーのマニア」、〝ギーク〟であるがゆえの技術への愛と信頼が、本書全体のオプティミズムを支えている。多くの障壁があり、さまざまなブレークスルーが必要ではあるが、技術によってゼロを達成することは可能だとゲイツは確信しているのである。

第二に、ゲイツの議論の根底には、アフリカやアジアの発展途上国で貧困削減に取り組んできた経験がある。そもそも彼が気候変動を重視するようになったのも、貧困国のエネルギー問題に取り組むなかでのことだった。したがってゲイツは、貧困国の人びとがよりよい暮らしができるよう世界のエネルギー使用量は増やすべきだと考えている。「世界全体ではエネルギーによって提供されるものやサービスがもっとたくさん利用されてしかるべきである」。

ただしそのエネルギーは炭素を排出しないクリーンなものでなければならない。「必要なのは、気候変動を悪化させることなく低所得者が経済発展のはしごを上れるようにすることである」。これが本書で繰り返し強調される点であり、ゲイツの議論の前提となっている考えである。脱成長ではない。成長をつづけながらゼロも実現する必要があるというわけだ。

また、気候変動は地球全体に影響を及ぼすが、なかでも大きな被害を受けるのは貧しい地域で暮らす人びとである。「ひどく不公平なことに、世界の貧困者は気候変動の原因になることを事実上何もしていないのに、その影響に最も苦しめられる」。それゆえ、貧困国の人びとは温暖化の影響に適応できるよう支援を受けてしかるべきである。「僕たちにできるいちばんの手助けは、貧しい人たちが気候変動に適応するのを手伝い、健康を確保して生きのびられるようにすることなのです。そして、気候が変動するなかでもいい暮らしができるようにすることです」

このように世界で最も貧しい人びとに焦点を合わせ、公正な適応とエネルギー移行を強調する立場は、これまでの彼の貧困削減への取り組みの延長線上にあるものだといえよう。

最後に、ゲイツはゼロ達成に向けたイノベーションをビジネスの文脈で考えている。これは「慈善事業ではない」と彼は強調する。「科学においてブレークスルーを起こし、新しい企業からなる新しい産業を生み出して、雇用創出と排出削減に同時に取り組めるチャンスでもあると見なすべきだ」。というのも、「炭素ゼロの企業や産業をつくった国が、この先数十年の世界経済を牽引することになる」からである。またゲイツは、斬新なアイデアを取り上げて発展、展開させる資本市場の力も信じている。こうした視点も、企業家としてみずからひとつの産業を生み出した経験と自信によって支えられているのであろう。

本書では、炭素を排出する既存技術と排出ゼロの新技術のコスト差を示す「グリーン・プレミアム」という概念が中心的な位置を占めるが、これも市場原理と経済的合理性のうえに成立している。現行の技術よりもコストがあまりにも高いと、炭素ゼロ技術への移行はすすまない。その差額を埋めることが重要なのである。

このようにゲイツは貧困者の生活の質を確保しつつ、技術と市場によって気候大災害を回避する道を示す。とはいえ、技術と市場だけではゼロを達成できないことも強く認識している。技術と市場をうまく機能させるには、政策が適切に運用されていなければならない。排出ゼロという目標に合わせて税制や法律を整え、政府が研究開発に資金を投じることによって、はじめてゼロ達成の可能性が現実味を帯びるのである。「市場、技術、政策は、化石燃料への依存から離れるために引かなければならない三つのレバーのようなものだ」とゲイツはいう。『三つをすべて同時に、同じ方向に引く必要がある」。こうした視点も、マイクロソフトでの成功と失敗の体験や、貧困削減の取り組みにおける各国政府との交渉の経験に支えられている。

とはいえ望ましい政策を整えるのはきわめて困難な作業である。というのもそれは根本的に政治の問題だからだ。だれが参加してどのように政策を決めるのかは政治の問題である。そこには当然ながら利害の対立や権力関係が絡んでくる。どの技術をいかなる価値観にもとづいて追求するのかを決めるのも政治である。市場が〝自由〟でなく政治と不可分であることも周知の通りだ。「気候変動をめぐる議論は政治に足を引っ張られている」とゲイツもいう。そのうえで、「僕の考え方は政治学者ではなくエンジニアのものであり、気候変動の政治問題を解決する方法は僕にはわからない」と率直に認めている。「したがって僕は、ゼロの実現に何が必要かという議論に焦点を絞りたい」

本書では直接論じられない政治の問題は、当然ながらほかで議論される必要がある。しかし本書は、その議論の土台となる材料をだれにでもわかることばで網羅的に提供してくれる。政策によって技術と市場をうまく導き、グリーン・プレミアムを減らして排出ゼロ技術への移行をうながすという枠組みを念頭に、各領域で現状をふまえつつきわめて具体的な計画を提示する本書は、年間五一〇億トンの温室効果ガス排出をゼロにするという大きく困難な目標が達成可能であることを示してくれる。

なお、ビル・ゲイツとメリンダ・フレンチ・ゲイツは二〇二一年五月に離婚を発表したが、使命を同じくする者として財団での貧困削減などの仕事に引きつづきともに取り組むとしている。本書の「おわりに」でも述べているように、ゲイツはその後も気候変動とCOVID‐19というふたつの切迫した問題の解決にむけて力を注いでいる。「クリーン・エネルギーの研究開発に投資すれば、政府は経済回復を促進し、同時に排出削減も手助けできる」、また、COVID-19を抑えるのと同時に気候変動でも「真の進歩を成し遂げられる」、という彼のことばに迷いはない。

本書の訳出にあたっては、千代延良介氏をはじめとする早川書房のみなさまにたいへんお世話になった。ていねいに訳稿を確認してくださり、多くの誤りを正して厳密さと読みやすさを高めてくださった質の高いお仕事に深く感謝もうしあげる、また、翻訳の機会をつくってくださり仲介の労をとってくださった株式会社リベルのみなさまにも厚くお礼をもうしあげたい。

二〇二一年七月

原　注

はじめに　五一〇億からゼロへ

（1）写真：James Iroha。

（2）このグラフは、世界銀行世界開発指標のデータを使って作成した。データはクリエイティブ・コモンズ CC BY 4.0（https://www.creativecommons.org/licenses/by/4.0/deed.ja）のもとで使用許諾。https://data.worldbank.org/ より入手可能。所得は、購買力平価（PPP）に基づき、2014 年の国民ひとりあたりの国内総生産（GDP）によって現在の国際ドルで計算している。エネルギー使用は、世界銀行世界開発指標に掲載された国際エネルギー機関（IEA）のデータに基づき、ひとりあたりの量（キログラム）を石油換算で計算した。ゲイツ・ヴェンチャーズ有限責任会社が改変。無断転載禁止。

（3）左から右へ（肩書は 2015 年の会議開催当時のもの）。アリ・ヌアイミ（サウジアラビア石油鉱物資源大臣）、アーナ・ソールバルグ（ノルウェー首相）、安倍晋三（日本首相）、ジョコ・ウィドド（インドネシア大統領）、ジャスティン・トルドー（カナダ首相）、ビル・ゲイツ、バラク・オバマ（アメリカ大統領）、フランソワ・オランド（フランス大統領）、ナレンドラ・モディ（インド首相）、ジルマ・ルセフ（ブラジル大統領）、ミチェル・バチェレ（チリ大統領）、ラース・ロッケ・ラスムセン（デンマーク首相）、マッテオ・レンツィ（イタリア首相）、エンリケ・ペーニャ・ニエト（メキシコ大統領）、デイヴィッド・キャメロン（イギリス首相）、スルターン・アル・ジャーベル（アラブ首長国連邦国務大臣兼エネルギー・気候変動担当特使）。写真：Ian Langsdon/AFP、Getty Images。

第 1 章　なぜゼロなのか

（1）オランダ王立気象研究所（KNMI）Climate Explorer によってコンピューター計算された第 5 次結合モデル相互比較プロジェクト（CMIP5）の地球平均気温の偏差。気温の変化は摂氏で示している。

（2）平均気温の変化についてのデータはバークレー・アース（berkeleyearth.org）によるものであり、1951 ～ 1980 年の平均を基準に摂氏で示されている。二酸化炭素排出量はメートルトンで示されており、出所は Le Quéré, Andrew et al. による報告書 Global Carbon Budget 2019。クリエイティブ・コモンズ CC BY 4.0（https://www.creativecommons.org/licenses/by/4.0/deed.ja）のもとで使用許諾。https://essd.copernicus.org/articles/

11/1783/2019/ より入手可能。
(3) Solomon M. Hsiang and Amir S. Jina, "Geography, Depreciation, and Growth," *American Economic Review*, May 2015.
(4) 写真：AFP、Getty Images。
(5) Donald Wuebbles, David Fahey, and Kathleen Hibbard, *National Climate Assessment 4: Climate Change Impacts in the United States* (U.S. Global Change Research Program, 2017).
(6) R. Warren et al., "The Projected Effect on Insects, Vertebrates, and Plants of Limiting Global Warming to 1.5°C Rather than 2°C," *Science*, May 18, 2018.
(7) 全米トウモロコシ生産者協会によるウェブサイト、World of Corn（worldofcorn.com）より。
(8) アイオワ州トウモロコシ振興評議会ウェブサイト、www.iowacorn.org より。
(9) Colin P. Kelley et al., "Climate Change in the Fertile Crescent and Implications of the Recent Syrian Drought," *PNAS*, March 17, 2015.
(10) Anouch Missirian and Wolfram Schlenker, "Asylum Applications Respond to Temperature Fluctuations," *Science*, Dec. 22, 2017.

第2章　道は険しい

(1) 写真：dem10/E+、Getty Images より。lessydoang/RooM、Getty Images。
(2) 米国エネルギー情報局、www.eia.gov より。
(3) 二酸化炭素換算（CO_2e）での温室効果ガス排出量（メートルトン）はロジウム・グループより。このグラフでは、国連世界人口予測 2019 年版のデータも用いている。国連世界人口予測 2019 年版はクリエイティブ・コモンズ CC BY 3.0 IGO（https://creativecommons.org/licenses/by/3.0/igo/deed.ja）のもとで使用許諾。https://population.un.org/wpp/Download/Standard/Population/ より入手可能。
(4) 写真：Paul Seibert。
(5) 写真：©Bill & Melinda Gates Foundation/Prashant Panjiar.
(6) Vaclav Smil, *Energy Myths and Realities* (Washington, D.C.: AEI Press, 2010), 136–37（バーツラフ・シュミル『エネルギーの不都合な真実――原発、バイオ燃料、太陽光・風力発電、天然ガス―どの選択が正しいのか』立木勝訳、エクスナレッジ、2012 年、229-230 頁）。
(7) 同上、138（231 頁）。
(8) 現代の再生可能エネルギーには、風力、太陽光、バイオ燃料が含まれる。出典：Vaclav Smil, *Energy Transitions* (2018)。
(9) 同上。
(10) Xiaochun Zhang, Nathan P. Myhrvold, and Ken Caldeira, "Key Factors for

Assessing Climate Benefits of Natural Gas Versus Coal Electricity Generation," *Environmental Research Letters*, Nov. 26, 2014, iopscience.iop.org.
(11) ロジウム・グループによる分析。

第3章　気候について論じるときの五つの問い

(1) この数字は平均電力消費量である。ピーク時の需要はこれよりも高くなる。詳しくは米国エネルギー情報局のウェブサイト（www.eia.gov）を参照のこと。
(2) Taking Stock 2020: The COVID-19 Edition, Rhodium Group, https://rhg.com.

第4章　電気を使う

(1) 写真：ゲイツ家提供。
(2) IEAのデータに基づく。IEA (2020), SDG7: Data and Projections, IEA 2020, www.iea.org/statistics. ゲイツ・ヴェンチャーズ有限責任会社が改変。無断転載禁止。
(3) Nathan P. Myhrvold and Ken Caldeira, "Greenhouse Gases, Climate Change, and the Transition from Coal to Low-Carbon Electricity," *Environmental Research Letters*, Feb. 16, 2012, iopscience.iop.org.
(4) 再生可能部門には、風力、太陽光、地熱、現代のバイオ燃料が含まれる。出典：bp Statistical Review of World Energy 2020, https://www.bp.com.
(5) Vaclav Smil, *Energy and Civilization* (Cambridge, Mass.: MIT Press, 2017), 406（バーツラフ・シュミル『エネルギーの人類史』下巻、塩原通緒訳、青土社、2019年、300頁）。
(6) U.S. Department of Energy Office of Scientific and Technical Information, "Analysis of Federal Incentives Used to Stimulate Energy Production: An Executive Summary," Feb. 1980, www.osti.gov. この計算では、石炭と天然ガスへの補助金を2019年時点のドルに換算している。
(7) Wataru Matsumura and Zakia Adam, "Fossil Fuel Consumption Subsidies Bounced Back Strongly in 2018," IEA commentary, June 13, 2019.
(8) 写真：Universal Images Group、Getty Images。
(9) データは、Eurelectric, "Decarbonisation Pathways," May 2018, cdn.eurelectric.org より。
(10) Fraunhofer ISE, www.energy-charts.de.
(11) Zeke Turner, "In Central Europe, Germany's Renewable Revolution Causes Friction," *Wall Street Journal*, Feb. 16, 2017.

(12) 発電量1テラワット時あたりの資材の重さ（メートルトン）。「太陽光PV」は太陽の光を電気に換える太陽光の光電池パネルのことである。出典：U.S. Department of Energy, *Quadrennial Technology Review: An Assessment of Energy Technologies and Research Opportunities* (2015), https://www.energy.gov.
(13) このグラフでは Markandya & Wilkinson; Sovacool et al. による1テラワット時あたりの死者数のデータを用いている。同データはクリエイティブ・コモンズ CC BY 4.0（https://www.creativecommons.org/licenses/by/4.0/deed.ja）のもとで使用許諾。https://ourworldindata.org/grapher/death-rates-from-energy-production-per-twh より入手可能。
(14) U.S. Department of Energy, "Computing America's Offshore Wind Energy Potential," Sept. 9, 2016, www.energy.gov.
(15) David J. C. MacKay, *Sustainable Energy—Without the Hot Air* (Cambridge, U.K.: UIT Cambridge, 2009), 98, 109（デービッド・J・C・マッケイ『持続可能なエネルギー——「数値」で見るその可能性』村岡克紀訳、産業図書、2010年、110–111頁）。
(16) Consensus Study Report, "Negative Emissions Technologies and Reliable Sequestration: A Research Agenda," National Academies of Science, Engineering, and Medicine, 2019.

第5章　ものをつくる

(1) Washington State Department of Transportation, www.wsdot.wa.gov.
(2) 写真：WSDOT。
(3) "Statue Statistics," Statue of Liberty National Monument, New York, National Park Service, www.nps.gov.
(4) Vaclav Smil, *Making the Modern World* (Chichester, U.K.: Wiley, 2014), 36.
(5) セメントの製造量（メートルトン）。出典：U.S. Department of the Interior, U.S. Geological Survey, T. D. Kelly, and G. R. Matos, comps., 2014, "Historical Statistics for Mineral and Material Commodities in the United States" (2016 version): U.S. Geological Survey Data Series 140、2019年12月6日にアクセス；USGS Minerals Yearbooks—China (2002, 2007, 2011, 2016), https://www.usgs.gov.
(6) American Chemistry Council, "Plastics and Polymer Composites in Light Vehicles," Aug. 2019, www.automotive plastics.com.
(7) 写真：REUTERS/Carlos Barria。
(8) U.S. Department of the Interior, U.S. Geological Survey, "Mineral Commodity Summaries 2019."

(9) Freedonia Group, "Global Cement—Demand and Sales Forecasts, Market Share, Market Size, Market Leaders," May 2019, www.freedoniagroup.com.
(10) 直接の排出量のみ。発電による排出量は含まれていない。出典：ロジウム・グループ。

第6章　ものを育てる

(1) ロジウム・グループ内での分析による。
(2) Paul Ehrlich, *The Population Bomb* (New York: Ballantine Books, 1968)（ポール・R・エーリック『人口爆弾』宮川毅訳、河出書房新社、1974年、4、35頁。なお訳は一部改変した）。
(3) 世界銀行、data.worldbank.org より。
(4) Derek Thompson, "Cheap Eats: How America Spends Money on Food," *The Atlantic*, March 8, 2013, www.theatlantic.com.
(5) 消費量はメートルトン。牛肉、ラム、豚肉、家禽の肉、子牛の肉が含まれている。出典：OECD (2020), OECD-FAO Agricultural Outlook, https://stats.oecd.org（2020年10月にアクセス）。
(6) 国際連合食糧農業機関、www.fao.org より。
(7) UNESCO, "Gastronomic Meal of the French," ich.unesco.org.
(8) ロジウム・グループによる、2020年9月のアメリカにおける小売価格のオンライン調査。
(9) 写真：Gates Notes, LLC。
(10) 1ヘクタール（ha）あたりのトウモロコシ収穫量を1,000キログラム（kg）単位で示している。出典：国際連合食糧農業機関。FAOSTAT. OECD-FAO Agricultural Outlook 2020-2029. 最終更新日：2020年11月30日。2020年11月にアクセス。https://stats.oecd.org/Index.aspx?datasetcode=HIGH_AGLINK_2020#.
(11) 世界銀行世界開発指標、databank.worldbank.org より。
(12) Janet Ranganathan et al., "Shifting Diets for a Sustainable Food Future," World Resources Institute, www.wri.org.
(13) World Resources Institute, "Forests and Landscapes in Indonesia," www.wri.org.

第7章　移動する

(1) https://www.oecd-ilibrary.org/.
(2) これまでの排出量はロジウム・グループ提供のデータによる。予想排出量は国際エネルギー機関の次のデータによる。IEA (2020), World Energy Outlook, IEA 2020, www.iea.org/statistics。ゲイツ・ヴェンチャーズ有限責

任会社が改変。無断転載禁止。

(3) このグラフで利用したデータは次による。Hall, Pavlenko, and Lutsey, "Beyond road vehicles: Survey of zero-emission technology options across the transport sector," クリエイティブ・コモンズ CC BY-SA 3.0（https://www.creativecommons.org/licenses/by-sa/3.0/deed.ja）のもとで使用許諾。https://theicct.org/sites/default/files/publications/Beyond_Road_ZEV_Working_Paper_20180718.pdf より入手可能。

(4) 国際自動車工業連合会（OICA）、www.oica.net より。

(5) OICA のデータに基づいて１年あたり 6,900 万台の純増とし、自動車の寿命が 13 年として 4,500 万台が廃車されたと想定。

(6) シボレー・マリブとボルト EV の仕様は 2020 年モデルのもの。出典：https://www.chevrolet.com。写真：©izmocars、無断転載禁止。

(7) １マイルあたりの費用は、平均購入価格で買い、７年間使って、年間平均１万 2,000 マイル運転すると想定した際のものである。出典：ロジウム・グループ。

(8) ロジウム・グループ、エヴォルヴド・エナジー・リサーチ、国際再生可能エネルギー機関（IRENA）、アゴラ・エネルギーヴェンデ。小売価格は 2015 年から 2018 年までのアメリカの平均。炭素ゼロの選択肢は現在の推定価格。

(9) ロジウム・グループ、エヴォルヴド・エナジー・リサーチ、国際再生可能エネルギー機関（IRENA）、アゴラ・エネルギーヴェンデ。小売価格は 2015 年から 2018 年までのアメリカの平均。炭素ゼロの選択肢は現在の推定価格。

(10) 米国エネルギー情報局、www.eia.gov より。

(11) Michael J. Coren, "Buses with Batteries," *Quartz*, Jan. 2, 2018, www.qz.com.

(12) 写真：ブルームバーグ、Getty Images。

(13) Shashank Sripad and Venkatasubramanian Viswanathan, "Performance Metrics Required of Next-Generation Batteries to Make a Practical Electric Semi Truck," *ACS Energy Letters*, June 27, 2017, pubs.acs.org.

(14) ロジウム・グループ、エヴォルヴド・エナジー・リサーチ、国際再生可能エネルギー機関（IRENA）、アゴラ・エネルギーヴェンデ。小売価格は 2015 年から 2018 年までのアメリカの平均。炭素ゼロの選択肢は現在の推定価格。

(15) ボーイング、www.boeing.com より。

(16) ロジウム・グループ、エヴォルヴド・エナジー・リサーチ、国際再生可能エネルギー機関（IRENA）、アゴラ・エネルギーヴェンデ。小売価格は

2015年から2018年までのアメリカの平均。炭素ゼロの選択肢は現在の推定価格。

(17) Kyree Leary, "China Has Launched the World's First All-Electric Cargo Ship," Futurism, Dec. 5, 2017, futurism.com; "MSC Receives World's Largest Container Ship MSC Gulsun from SHI," Ship Technology, July 9, 2019, www.ship-technology.com.

(18) ロジウム・グループ、エヴォルヴド・エナジー・リサーチ、国際再生可能エネルギー機関（IRENA）、アゴラ・エネルギーヴェンデ。小売価格は2015年から2018年までのアメリカの平均。炭素ゼロの選択肢は現在の推定価格。

(19) ロジウム・グループ、エヴォルヴド・エナジー・リサーチ、国際再生可能エネルギー機関（IRENA）、アゴラ・エネルギーヴェンデ。小売価格は2015年から2018年までのアメリカの平均。炭素ゼロの選択肢は現在の推定価格。

(20) S&P Global Market Intelligence, https://www.spglobal.com/market intelligence/en/.

第8章　冷やしたり暖めたりする

(1) A. A'zami, "Badgir in Traditional Iranian Architecture," Passive and Low Energy Cooling for the Built Environment conference, Santorini, Greece, May 2005.

(2) U.S. Department of Energy, "History of Air Conditioning," www.energy.gov. また次も参照のこと。"The Invention of Air Conditioning," *Panama City Living*, March 13, 2014, www.panamacityliving.com.

(3) International Energy Agency, "The Future of Cooling," www.iea.org.

(4) 国際エネルギー機関（IEA）、www.iea.org より。

(5) 国際エネルギー機関（IEA）の次のデータに基づく。IEA (2018), The Future of Cooling, www.iea.org/statistics. ゲイツ・ヴェンチャーズ有限責任会社が改変。無断転載禁止。

(6) 同上。

(7) 米国環境保護庁、www.epa.gov より。

(8) ロジウム・グループ。この表に示しているのは、新築の家に設置する空気熱利用ヒートポンプと天然ガス暖房・電気エアコンの正味現在価格である。コストは、電気と天然ガスについては2019年夏時点での価格を使って割引率7パーセントとして計算し、ヒートポンプは寿命15年と想定している。

(9) 米国エネルギー情報局、www.eia.gov より。

(10) ロジウム・グループ、エヴォルヴド・エナジー・リサーチ、国際再生可能

能エネルギー機関（IRENA)、アゴラ・エネルギーヴェンデ。小売価格は2015年から2018年までのアメリカの平均。炭素ゼロの選択肢は現在の推定価格。

（11）同上。

（12）ブリット・センター、www.bullittcenter.org より。

（13）写真：Nic Lehoux。

第9章　暖かくなった世界に適応する

（1）写真：©Bill & Melinda Gates Foundation/Frederic Courbet。

（2）Max Roser, Our World in Data website, ourworldindata.org.

（3）世界銀行、www.data.worldbank.org より。

（4）GAVI, www.gavi.org.

（5）写真：フィリピンのラグナ州ロスバニョスにある国際稲研究所（IRRI）の写真コレクションより。

（6）Global Commission on Adaptation, *Adapt Now: A Global Call for Leadership on Climate Resilience*, World Resources Institute, Sept. 2019, gca.org.

（7）Food and Agriculture Organization of the United Nations, *State of Food and Agriculture: Women in Agriculture, 2010–2011*, www.fao.org.

（8）写真：Mazur Travel、Shutterstock。

（9）World Bank, "Decline of Global Extreme Poverty Continues but Has Slowed," www.worldbank.org.

第10章　なぜ政府の政策が重要なのか

（1）写真：Mirrorpix、Getty Images。

（2）米国エネルギー情報局、www.eia.gov より。

（3）国際エネルギー機関（IEA)、www.iea.org より。

（4）U.S. Energy Department, "Renewable Energy and Efficient Energy Loan Guarantees," www.energy.gov.

（5）写真：Sirio Magnabosco/EyeEm、Getty Images。

第11章　ゼロ達成に向けた計画

（1）Human Genome Project Information Archive, "Potential Benefits of HGP Research," web.ornl.gov.

（2）Simon Tripp and Martin Grueber, "Economic Impact of the Human Genome Project," Battelle Memorial Institute, www.battelle.org.

第12章　一人ひとりにできること

(1) Hans Rosling, *Factfulness: Ten Reasons We're Wrong About the World—and Why Things Are Better than You Think*, with Ola Rosling and Anna Rosling Rönnlund (New York: Flatiron Books, 2018), 255（ハンス・ロスリング、オーラ・ロスリング、アンナ・ロスリング・ロンランド『FACTFULNESS――10の思い込みを乗り越え、データを基に世界を正しく見る習慣』上杉周作・関美和訳、日経BP、2019年、324頁）。

おわりに　気候変動とCOVID-19

(1) "Race, Ethnicity, and Age Trends in Persons Who Died from COVID-19—United States, May–August 2020," U.S. Centers for Disease Control, https://www.cdc.gov.

(2) "Preliminary Medicare COVID-19 Data Snapshot," Centers for Medicare and Medicaid Services, https://www.cms.gov.

(3) "Goalkeepers Report 2020," https://www.gatesfoundation.org.

(4) "Impacts of Federal R&D Investment on the U.S. Economy," Breakthrough Energy, https://www.breakthroughenergy.org.

地球《ちきゅう》の未来《みらい》のため僕《ぼく》が決断《けつだん》したこと
気候大災害は防げる

2021年 8 月20日　初版印刷
2021年 8 月25日　初版発行

＊

著　者　ビル・ゲイツ
訳　者　山《やま》 田《だ》　文《ふみ》
発行者　早 川　浩

＊

印刷所　三松堂株式会社
製本所　三松堂株式会社

＊

発行所　株式会社　早川書房
東京都千代田区神田多町2－2
電話　03-3252-3111
振替　00160-3-47799
https://www.hayakawa-online.co.jp
定価はカバーに表示してあります
ISBN978-4-15-210043-6　C0034
Printed and bound in Japan
乱丁・落丁本は小社制作部宛お送り下さい。
送料小社負担にてお取りかえいたします。